FORSCHUNGSBERICHTE
DES WIRTSCHAFTS- UND VERKEHRSMINISTERIUMS
NORDRHEIN-WESTFALEN

Herausgegeben von Staatssekretär Prof. Dr. h. c. Leo Brandt

Nr. 348

Prof. Dr.-Ing. Eugen Piwowarsky †
Dr.-Ing. Ernst Günter Nickel

Gießerei-Institut der Technischen Hochschule Aachen

Zur Metallurgie eines hochwertigen Gußeisens mit kompakter bis kugelförmiger Graphitausbildung

Als Manuskript gedruckt

WESTDEUTSCHER VERLAG / KÖLN UND OPLADEN

1956

ISBN 978-3-663-04165-8　　ISBN 978-3-663-05611-9 (eBook)
DOI 10.1007/978-3-663-05611-9

Forschungsberichte des Wirtschafts- und Verkehrsministeriums Nordrhein-Westfalen

Vorwort

Die Arbeit wurde mit Unterstützung des Ministeriums für Wirtschaft und Verkehr des Landes Nordrhein-Westfalen durchgeführt.

Es sei herzlichst gedankt für zahlreiche Diskussionen und Hinweise den Herren Prof. Dr.-Ing W. PATTERSON und Dr.-Ing. H. SCHIFFERS, für vielfache Hilfeleistung bei der Durchführung der Arbeit Herrn Ing. M. KRICHEL, für zur Auswertung freundlichst überlassenes Probematerial Herrn Dipl.-Ing. W. MATEJKA.

Gliederung

Vorwort	S. 3
I. Einleitung	S. 5
II. Die Schmelzüberhitzung und Desoxydation als ein Weg zur Erzeugung eines hochwertigen Gußeisens	S. 5
III. Die Anwendung basischer Schmelzüberhitzung - ein aussichtsreicher Weg zur Erzeugung eines hochwertigen Gußeisens	S. 12
IV. Die Entgasung technischer Schmelzen mittels Spülgasen	S. 17
V. Die Anwendung von Hochvakuum zur Gasreinigung von Gußeisenschmelzen	S. 25
VI. Die Anwendung von Reaktionsgemischen bei Gußeisenschmelzen zum Zwecke einer weitgehenden Desoxydation	S. 30
VII. Die Anwendung metallischer Wirkstoffe zur weitgehenden Desoxydation und zum Zwecke einer kompakten Graphitausscheidung im Gußeisen	S. 39
VIII. Zusammenfassung	S. 43
IX. Literaturverzeichnis	S. 45

Forschungsberichte des Wirtschafts- und Verkehrsministeriums Nordrhein-Westfalen

I. Einleitung

Bei den Bestrebungen, einen Grauguß mit möglichst hohen Festigkeitseigenschaften und einer gesteigerten Zähigkeit herzustellen, haben sich besonders Pfannenzusätze von Magnesium bis heute als die wirksamsten erwiesen. Ungezählte Arbeiten des In- und Auslandes zeigen die hervorragenden Ergebnisse, die bei der Anwendung von Magnesium zur Entschwefelung und Desoxydation von Gußlegierungen erzielt werden. Zweifellos kann eine Beeinflussung der mechanischen Eigenschaften von Gußeisen nicht auf die Verwendung von Magnesium beschränkt bleiben, da die Ursache für diesen Einfluß sicherlich nicht in einem legierungstechnischen Effekt zu suchen ist. Vielmehr müssen alle metallurgischen Behandlungen metallischer Schmelzen den gleichen Einfluß ausüben, die eine weitgehende Desoxydation erbringen.

Im Rahmen der vorliegenden Untersuchungen werden die verschiedenen metallurgischen Möglichkeiten aufgezeigt, mit denen ein Gußeisen mit kompakter bis kugelförmiger Graphitausbildung hergestellt werden kann, ohne metallisches Magnesium zu verwenden.

II. Die Schmelzüberhitzung und Desoxydation als ein Weg zur Erzeugung eines hochwertigen Gußeisens

Werden Legierungen erschmolzen, so ist es - wenn nicht besondere Maßnahmen getroffen werden - unvermeidbar, daß sie mit gasförmigem Sauerstoff, Stickstoff, Wasserstoff, Kohlenoxyd und Kohlendioxyd in Berührung kommen und dabei auch einen Teil der Gase aufnehmen. Damit folgt ein flüssiges Metall den allgemeinen Gesetzmäßigkeiten, die für Flüssigkeiten hinsichtlich der Gasaufnahme Gültigkeit besitzen. Es enthalten also alle Rohstoffe, die zur Herstellung von Gußeisen verwendet werden, einen größeren oder kleineren Anteil dieser Gase, der bei weiterem Umschmelzen in den meisten Fällen zunehmen wird; es sei denn, besondere metallurgische Maßnahmen werden ergriffen oder eine Desoxydation wird angeschlossen, um den Gasgehalt der Schmelzen auf ein Minimum herabzudrücken. Der Gasgehalt eines Gußeisens wird abhängig sein vom Ausgangsmaterial und vom Schmelzaggregat. Beim Schmelzen im Kupolofen ist jedes einzelne Eisentröpfchen mit seiner relativ großen Oberfläche den Einflüssen der Ofenatmosphäre ausgesetzt und mit dieser in inniger Berührung. Der Gasgehalt von Kupolofenschmelzen muß größer sein als der von Elektroofenschmelzen, da evtl.

Schutzgase, Ofenabdichtungen oder verschiedene Schlackenarbeiten für einen geringeren Gasgehalt der Elektroofenschmelzen sorgen.

Nach neueren Untersuchungen im Aachener Gießerei-Institut schwankt der Gasgehalt von Roh- und Gußeisen in verhältnismäßig großen Grenzen. Es konnten Werte von 1,2 bis etwa 5,0 cm^3 bei 10 g Einwaage gefunden werden. Von den bereits erwähnten Gasen zeigen nur Wasserstoff und Stickstoff eine echte Löslichkeit im flüssigen Eisen, d.h. die beiden Gase gehen bei den hohen Temperaturen keine chemischen Verbindungen mit dem Eisen ein. Ihre Löslichkeit folgt dem SIEVERT'schen Quadratwurzelgesetz:

1) $$K_{H_2} = \frac{[H]}{\sqrt{p_{H_2}}}$$

1a) $$K_{N_2} = \frac{[N]}{\sqrt{p_{N_2}}}$$

In diesen Gleichungen sind $[H]$ und $[N]$ die im flüssigen Eisen gelösten Gasmengen in Gewichtsprozenten und p_{H_2} und p_{N_2} die Partialdrucke der beiden Gase in at.

Kommt gasförmiger Sauerstoff bei höheren Temperaturen mit einer Eisenschmelze in Berührung, so ist er als solcher nicht beständig, sondern wird von den Begleitelementen des Eisens bzw. von diesem selbst in Form von Oxyden gebunden. Eine echte Gaslöslichkeit für Sauerstoff im flüssigen Eisen ist nicht vorhanden. Die Eisen-Sauerstoff-Lösungen stellen Lösungen der Oxyde im Metall dar.

Der Gasgehalt eines Metalls ist nicht ohne Einfluß auf seine mechanischen Eigenschaften. Die Entwicklung einer wohldurchdachten Desoxydation und die Anwendung der verschiedensten Schlackenarbeiten sind sichtbare Zeichen, daß der Stahlwerker sich durchaus über den Einfluß, den die Gase auf die Güte des Endproduktes ausüben, klar geworden ist. Der Graugießer aber hat bisher dem Gasgehalt seiner Schmelzen nur wenig Beachtung geschenkt.

Der Zweck einer Desoxydation muß es sein, möglichst weitgehend die im Eisen gelösten Oxyde in unlösliche, also nicht reaktionsfähige Oxyde zu überführen, die auf Grund ihres spezifischen Gewichtes an die Oberfläche wandern können und so aus dem Eisenbad entfernt werden. Es sei auf die

Arbeiten des Max Planck-Instituts für Eisenforschung, Düsseldorf, verwiesen (1).

Man kann ohne Berücksichtigung der möglichen Zwischenreaktion zwischen dem Kohlenstoff, der mehr oder weniger an Kohlenstoff gesättigten Eisenlösung und den in der Schmelze vorliegenden Oxyden, z.B.

$$SiO_2 \text{ oder } FeO$$
$$SiO_2 + 2\,C \rightleftharpoons Si + 2\,CO$$
$$FeO + C \rightleftharpoons Fe + CO$$

folgende vereinfachte Beziehung aufstellen:

2) $$[FeO]^2 = \frac{K_{Si}}{[Si_A + Si_R]} = \frac{K_{Si}}{Si_E}$$

In dieser Gleichung stellt FeO das in der Schmelze gelöste Eisenoxydul dar. K_{Si} ist die Gleichgewichtskonstante, Si_A der anfängliche Si-Gehalt in der Schmelze, Si_R das reduzierte Silizium nach erfolgter Schmelzüberhitzung und Si_E schließlich ist der in der Schmelze vorhandene Prozentgehalt des reaktionsfähigen Siliziums nach der Schmelzbehandlung.

Eine gute Desoxydation ist mit allen Elementen durchzuführen, die eine größere Affinität zum Sauerstoff besitzen, als das Eisen selbst. Die Desoxydation ist natürlich umso weitgehender, je größer die Affinität des angewandten Desoxydationsmittels zum Sauerstoff ist.

Das im Eisenbad gelöste Eisenoxydul ist nach der Formel:

3) $$p_{O_2}/FeO = [FeO]^2 \, D_{FeO}$$

dissoziiert.

Wenn auch der Partialdruck des Sauerstoffs in Eisenschmelzen nur sehr gering ist, d.h. sich in Größenordnungen von etwa 10^{-8} at bewegt, und bekannt ist, daß der Hauptanteil des in Eisenkohlenstofflösungen vorhandenen Sauerstoffs an Kohlenstoff in Form von Kohlenoxyd bzw. Kohlendioxyd gebunden ist, so soll in den nachfolgenden Gleichungen doch der Partialdruck des Sauerstoffs Berücksichtigung finden. H. SCHIFFERS (2) konnte nämlich durch thermodynamische Berechnungen nachweisen, daß durch eine Silizium- bzw. Magnesiumbehandlung einer Gußeisenschmelze der Partialdruck des Sauerstoffs weiter auf Größenordnungen von etwa 10^{-14} bzw. 10^{-26} at sinkt; siehe Tabelle 1.

Tabelle 1

Aus dem Schrifttum entnommene und rechnerisch ermittelte Zahlenwerte in Abhängigkeit von der Temperatur

Temperatur		1	2	3	4	4a
°C	°K	$\log [FeO]_{max}$	$\log D_{FeO}$	$\log p_{O_2}/FeO_{max}$	$\log K_{Si}$	$\log [FeO]_{Si}$ b. 1 % Si
1327	1600	-	-9,41	-	-6,72	-
1377	1650	-	-9,35	-	-6,15	-
1427	1700	-	-9,30	-	-5,58	-
1477	1750	-	-9,22	-	-5,00	-
1527	1800	0,020	-9,15	-9,11	-4,44	-2,22
1577	1850	0,125	-9,11	-8,86	-3,83	-1,92
1627	1900	0,215	-9,06	-8,63	-3,25	-1,63
1677	1950	0,285	-8,99	-8,42	-2,77	-1,39

Temperatur		4b	4c	5	5a	6
°C	°K	$\log [FeO]_{Si}$ b. 1,5 % Si	$\log [FeO]_{Si}$ b. 2 % Si	$\log p_{O_2}/SiO_2$ $[Si]=1\%$	$\log p_{O_2}/SiO_2$ $[Si]=1,5\%$	$\log p_{O_2}/SiO_2$ $[Si]=2\%$
1327	1600	-3,20	-	-	-	-
1377	1650	-2,95	-	-	-	-
1427	1700	-2,65	-	-	-	-
1477	1750	-2,38	-	-	-	-
1527	1800	-2,13	-2,07	-13,59	-13,41	-13,29
1577	1850	-1,83	-1,76	-12,95	-12,77	-12,63
1627	1900	-1,54	-1,48	-12,32	-12,14	-12,02
1677	1950	-1,29	-1,24	-11,77	-11,57	-11,47

Temperatur		7	7a	8	9	10
°C	°K	$\log K_{Al}$	$\log [FeO]_{Al}$ $[Al]=0,1\%$	$\log p_{O_2}/Al_2O_3$ $[Al]=0,1\%$	$\log D_{MgO}$	$\log [FeO]_{Mg}$
1327	1600	-17,90	-5,10	-	-27,08	-8,92
1377	1650	-17,02	-4,87	-	-25,98	-8,40
1427	1700	-16,18	-4,63	-	-24,92	-7,88
1477	1750	-15,31	-4,40	-	-23,87	-7,37
1527	1800	-14,48	-4,16	-13,31	-22,84	-6,85
1577	1850	-13,51	-3,84	-12,95	-21,71	-6,30
1627	1900	-12,70	-3,60	-12,66	-20,66	-5,80
1677	1950	-11,96	-3,32	-12,31	-19,63	-5,32

T a b e l l e 1   Fortsetzung

Aus dem Schrifttum entnommene und rechnerisch ermittelte
Zahlenwerte in Abhängigkeit von der Temperatur

Temperatur		11	12	13	14	15
°C	°K	$\log p_{O_2}/MgO$ $p_{Mg} = 1$ at	$\log p_{O_2}/MgO$ $p_{Mg} = 2\, p_{O_2}$	$\log D_{CaO}$	$\log [FeO]_{Ca}$ $p_{Ca} = 1$ at	$\log p_{O_2}/CaO$ $p_{Ca} = 1$ at
1327	1600	-27,08	-	-	-10,38	-
1377	1650	-25,98	-	-	- 9,83	-
1427	1700	-24,92	-	-27,71	- 9,27	-
1477	1750	-23,87	-	-26,59	- 8,73	-
1527	1800	-22,84	-7,81	-25,46	- 8,16	-25,46
1577	1850	-21,71	-7,44	-24,36	- 7,63	-24,36
1627	1900	-20,66	-7,09	-23,17	- 7,06	-23,17
1677	1950	-19,63	-6,75	-22,07	- 6,54	-22,07

Es soll noch darauf hingewiesen werden, daß die für die Desoxydation in Frage kommenden Elemente Silizium, Aluminium und Mangan bei den Behandlungstemperaturen des Eisens nicht in der Gasphase auftreten und nicht eine Änderung des Gesamtpartialdruckes bewirken, sondern lediglich für eine Konzentrationsverschiebung sorgen. Unter Berücksichtigung der vorgenannten Betrachtungsweise des Problems "Herstellung eines hochwertigen Gußeisens" müßte mit einer durchdachten Schmelzüberhitzung von Gußeisenschmelzen eine Lösung möglich sein. In der ersten Versuchsserie sollten diese theoretischen Betrachtungen durch praktische Untersuchungen bestätigt werden.

Die Versuchsreihen wurden in einem 10 kg Tammann-Ofen mit reinem Quarztiegel durchgeführt. Als Analyse wurde eine chemische Zusammensetzung der Schmelzen gewählt, die sich in früheren Versuchen (3) als besonders günstig für die Herstellung eines hochwertigen Gußeisens herausgestellt hatte (1,5 % C, 3,5 % Si).

Als Ausgangsmaterial stand Stürzelberger Roheisen und Armcoeisen bzw. Stahlschrott zur Verfügung. Bei der Erschmelzung der einzelnen Legierungen wurde zunächst der Tiegel auf Temperatur gebracht. Erst dann gelangten sämtliche Legierungsbestandteile in den Tiegel, der mittels eines auf Paßsitz geschliffenen Kohlestopfens gegen Luftzutritt abgedichtet wurde. Während der Schmelz- und Überhitzungszeit erfolgte die Temperaturregelung mittels eines Thermoelementes Pt/Pt/Rh. Die Schmelzen wurden 40 Minuten auf der Überhitzungstemperatur von 1630 °C gehalten. Nach der Zugabe von 0,4 % 96 %igem Impfsilizium wurde die Schmelze bei einer Gießtemperatur von 1400 °C zu Zerreißstäben vergossen, die in Kernsand geformt waren um einen evtl. Einfluß von nassem Formstoff auszuschließen.

Die abgegossenen Proben ließen ausnahmslos die Annahme zu, daß die mechanischen Eigenschaften eines Materials nicht unwesentlich von dem Gasgehalt der Schmelzen beeinflußt wird, der weiter auch einen unmittelbaren Einfluß auf die Ausbildungsart des in den Proben ausgeschiedenen Graphits ausübt. Die metallographische Auswertung der abgegossenen Proben zeigte, daß der Graphit in den für die Untersuchungen zur Verfügung stehenden Wandstärken (10 - 55 mm) in kleinen, aber gut ausgebildeten Graphitkugeln vorhanden war, und zwar in einem perlitisch-sorbitischen Grundgefüge. Die Zugfestigkeiten lagen im Rohguß zwischen 40 bis 50 kg/mm^2, bei Brinellhärten bis zu 350. Abbildung 1 zeigt eine durchschnittliche Gefügeausbildung in den abgegossenen Proben.

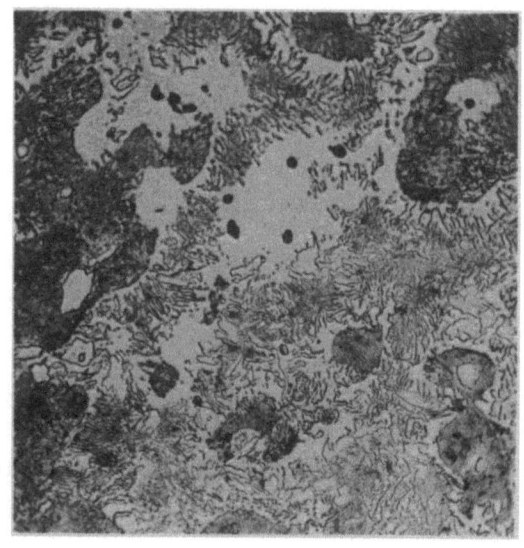
A b b i l d u n g   1
Gefügeausbildung im Rohguß
(500-fach vergrößert)

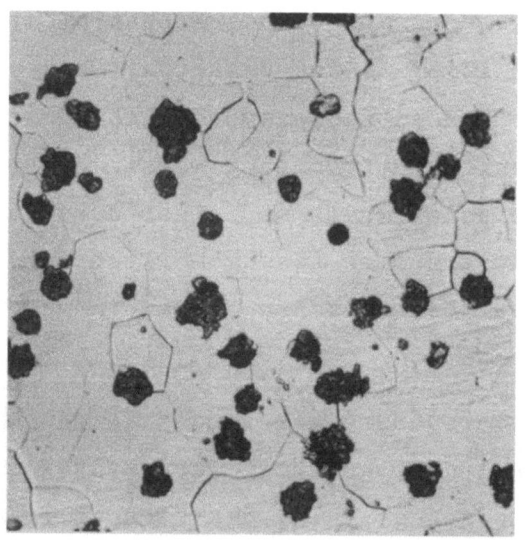
A b b i l d u n g   2
Temperkohle in einem rein
ferritischen Grundgefüge
(200-fach vergrößert)

In einer anschließenden Untersuchung bei verschiedenen Glühbehandlungen sollte festgestellt werden, inwieweit eine weitere Steigerung der mechanischen Eigenschaften der Proben durch eine Wärmebehandlung möglich ist.

Zu diesem Zweck wurden zunächst Probekörper 2h bei 920 °C geglüht, die bei der nachfolgenden Auswertung ein rein ferritisches Grundgefüge aufwiesen. Der ausgeschiedene Kohlenstoff lag in knötchenförmiger Temperkohle vor (Abb. 2). Die Zugfestigkeiten betrugen nach dieser Glühbehandlung 36 bis 40 kg/mm^2 bei Dehnungen zwischen 6 bis 10 %. Eine Verkürzung der Haltezeit (Vollhitzezeit) bis hinunter auf 5 Minuten erbrachte unter sonst gleichen Bedingungen keine Änderung im bereits mitgeteilten Ergebnis.

Der Grund für die Entstehung des vollkommen ferritischen Grundgefüges mußte in dem sehr reinen Material und in dem hohen Siliziumgehalt gesucht werden, denn die kurzen Temperungszeiten von 5 Minuten sind zweifellos bemerkenswert.

In erneuten Versuchen wurde die Vollhitzezeit auf 5 Minuten belassen, die Abkühlungsbedingungen dagegen verändert. So wurden die Proben einmal in einem Preßluftstrom, zum anderen an ruhender Luft zur Abkühlung gebracht. Neben Graphitkugeln mit zum Teil sehr ausgeprägten Ferrithöfen konnten im Grundgefüge immer erhebliche Mengen an Sorbit festgestellt werden. Der Sorbitanteil war naturgemäß in den preßluftgekühlten Proben größer.

Die besten Festigkeitseigenschaften konnten mit einer Pendelglühung um 720 °C bei 30 Minuten Glühdauer erzielt werden, wobei die Proben in Kieselgur abgekühlt wurden. Auch bei dieser Behandlung traten im Grundgefüge noch vereinzelte Zementitreste auf, die eine noch zu hohe Abkühlungsgeschwindigkeit vermuten lassen (Abb. 3). Die auf diese Weise zu erzielenden Bestwerte für die Zugfestigkeit liegen zwischen 57 und 60 kg/mm^2. Die angegebenen Versuchsergebnisse wurden inzwischen durch Großversuche in einem sauer zugestellten Induktionsofen erhärtet.

Zusammenfassend kann gesagt werden, daß es unter den - wie ausgeführt - einschränkenden Bedingungen möglich ist, durch reine Schmelzüberhitzung in saurem Tiegelmaterial ein hochwertiges Gußeisen herzustellen. Diese Versuche liefern den Beweis, daß die Ausbildung des Graphits in Kugelform nicht primär auf den Einfluß von Magnesium zurückgeführt werden kann, sondern daß das Element Magnesium durch seine große Affinität zum Sauerstoff für eine weitgehende Desoxydation der Schmelze sorgt.

Während in den bisherigen Untersuchungen durch einwanderndes Silizium in die Schmelze für eine Konzentrationsverschiebung gesorgt wird, die eine Entgasung der an sich nicht gasreichen Schmelze mit sich bringt, soll im

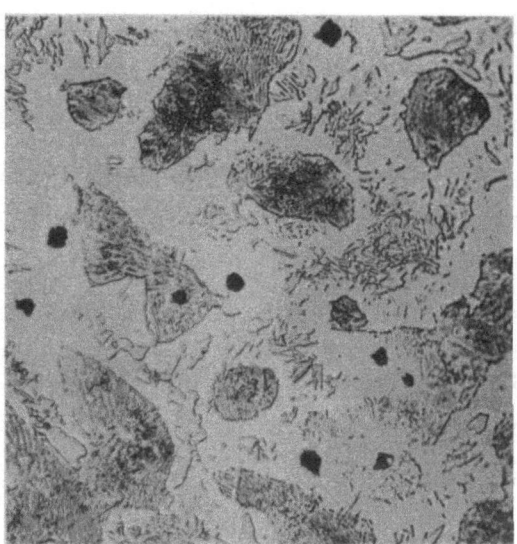

Abbildung 3

Gut ausgebildete Graphitknötchen im perlitischen Grundgefüge
nach einer Pendelglühung 30 min bei 720 °C
(500-fach vergrößert)

folgenden Teil auf die Wirkung der Elemente eingegangen werden, die neben ihrer großen Affinität zum Sauerstoff bei den Behandlungstemperaturen des flüssigen Eisens einen eigenen Partialdruck in der Schmelze bewirken.

III. Die Anwendung basischer Schmelzüberhitzung - ein aussichtsreicher Weg zur Erzeugung eines hochwertigen Gußeisens

In basischen Schlacken treten vor allem Elemente der Alkali- bzw. Erdalkaligruppe als Komponenten auf. Diese Elemente wandern nach dem Verteilungsgesetz:

4) $$L = \frac{(MeO)}{[MeO]} \quad (4)$$

als solche, d.h. in der gleichen Form ins Bad. Im Metallbad dissoziieren sie in gleicher Weise wie die Oxyde von Silizium, Aluminium und Mangan. In dieser Gleichung bedeutet Konzentration des Metalloxyds in der Schlakke, $[MeO]$ dessen Konzentration in der Schmelze. Zum Unterschied von den vorgenannten Elementen Si Al und Mn liegt der Siedepunkt der Elemente der Alkali- bzw. Erdalkaligruppe unter den üblichen Behandlungstemperaturen des Eisens. Das bedeutet, daß diese Stoffe nicht flüssig, sondern gasförmig in der Schmelze auftreten und somit einen eigenen Partialdruck bewirken müssen. Der Ausdruck "gasförmig" ist bei diesen Ausführungen mit Bedacht gewählt, obwohl die Vorgänge mit einem Verdampfen zu vergleichen sind. Physikalisch verhält sich aber dieser Metalldampf wie ein einatomiges Gas und folgt insofern den Gasgesetzen, als - vgl. H. SCHENCK (5) - seine spezifische Wärme für den einatomig zu betrachtenden Magnesiumdampf gleich dem eines einatomigen Gases

5) $$C_p = \frac{5}{2} R = 4,963$$

gesetzt werden kann. Dies kann zu wesentlichen Änderungen der thermodynamischen Verhältnisse in der Schmelze führen.

Es soll kurz auf die neu auftretenden Partialdrucke, bewirkt durch die Elemente der Alkali- bzw. Erdalkaligruppe, eingegangen werden: An der Oberfläche einer beruhigten abgeschlackten Gußeisenschmelze ist die Summe der Partialdrucke aller vorhandenen Gase gleich dem Druck der über der Schmelze lagernden Atmosphäre, d.h. annähernd 1 at. Daraus folgt die Gleichung:

6) $$P = p_{O_2} + p_{CO_2} + p_{CO} + p_{H_2} + p_{N_2} \sim 1 \text{ at.}$$

In früheren, vor allem an Stahlschmelzen durchgeführten Untersuchungen konnten E. PIWOWARSKY und P. KLINGER (6) nachweisen, daß die dem Eisen entweichenden Gase Kohlenoxyd und Wasserstoff sind. Nur in geringen Mengen konnte auch Stickstoff festgestellt werden. Ist aber der volumetrische Anteil an Stickstoff nur gering, so ist auch sein Partialdruck klein. Ebenso wird Wasserstoff am Druckgleichgewicht nur mit einem geringen Partialdruck beteiligt sein, weil - abgesehen vom Öltrommelofen - die Gasatmosphäre nur unwesentliche Verbrennungserzeugnisse aus Kohlenwasserstoff enthält. Die geringen Wasserstoffgehalte, die durch die Luftfeuchtigkeit auftreten können, sollen unberücksichtigt bleiben. Weil außerdem die beiden Partialdrucke bei den in Frage kommenden Umsetzungen in den Gleichungen des Massenwirkungsgesetzes nicht auftreten, können sie vernachlässigt werden, ohne daß die Berechnung nennenswert beeinflußt wird. Somit vereinfacht sich die vorstehende Gleichung auf die nachfolgende Form:

Forschungsberichte des Wirtschafts- und Verkehrsministeriums Nordrhein-Westfalen

7) $$P = p_{O_2} + p_{CO_2} + p_{CO} \sim 1$$

Die Verhältnisse werden wesentlich verändert, wenn ein neues Gas und damit ein neuer Partialdruck im flüssigen Eisen auftritt, wie dies beim Eindiffundieren von Wirkstoffen (Mg, Ca, Na usw.) der Fall ist.

Wird einer flüssigen Gußeisenschmelze Magnesium in metallischer Form zugesetzt, so wird entsprechend dem hohen Dampfdruck, der bei den üblichen Behandlungstemperaturen des Eisens (etwa 15 bis 20 at im geschlossenen Behälter) entsteht, unter lebhafter Durchwirbelung des Bades vorerst soviel Magnesium verdampfen, bis die Summe der Partialdrucke wiederum annähernd 1 geworden ist. Es ist dann:

8) $$P = p_{Mg} + p_{O_2} + p_{CO_2} + p_{CO} \sim$$

Von der Einbringung des Magnesiums bis zur Einstellung des Druckgleichgewichtes wird auch der Wert

9) $$P = p_{Mg}$$

durchlaufen und es ist nicht uninteressant, daß nach Gleichung 9) die Summe aller anderen Partialdrucke in der Schmelze = 0 sein muß. Dieses Gleichgewicht "$P = p_{Mg}$" bleibt natürlich nicht bestehen und es wird nach dem Verteilungssatz entweder aus der Schlacke Eisenoxyd ins Bad wandern oder es wird an der blanken Badoberfläche mit Luftsauerstoff erneut Eisenoxyd gebildet, das ebenfalls in die flüssige Schmelze gelangt und nach Gleichung

10) $$FeO + Mg = MgO + Fe$$

eine Partialdruckerniedrigung des Magnesiums bewirkt.

Dieser Vorgang würde aber bedeuten, daß nach der Gleichung 8) im Eisenbad ein Unterdruck entstehen würde, wenn nicht mit der Partialdruckerniedrigung des Magnesiums gleichzeitig eine Erhöhung der übrigen Partialdrucke über der Schmelze einträte. Ein derartiger Vorgang ist aber nicht möglich und so wird eingedrungener Sauerstoff sich primär entsprechend seiner großen Affinität an Magnesium binden, aber auch Verbindungen mit dem vorhandenen Kohlenstoff zu CO bzw. CO_2 eingehen. Es wird dementsprechend eine zeitliche Abhängigkeit vorhanden sein, um Gleichung 8) in Gleichung 7) zu überführen. Geringe Spuren von Magnesium werden im Eisen verbleiben, wie spektralanalytische Untersuchungen ergeben haben. Dabei konnte noch nicht geklärt werden, ob es sich um Magnesium in reiner Form, Magnesiumoxyd, Magnesiumsulfid oder um ein Gemisch verschiedener Magnesiumverbindungen handelt.

Diese theoretischen Betrachtungen decken sich ausnahmslos mit den Beobachtungen in der Praxis, wonach eine mit Wirkstoffen behandelte Schmelze die Neigung, den Graphit in Kugelform auszuscheiden, nicht über eine unbeschränkte Zeit beibehält. Aus den Ausführungen läßt sich folgern, daß für die treffsichere Erzeugung eines Gußeisens mit kompakter bis kugelförmiger Graphitausbildung die Behandlungszeit ein bestimmtes Maximum nicht überschreiten und die Behandlungsmenge (d.h. die Menge des eingebrachten Wirkstoffes) ein bestimmtes Minimum nicht unterschreiten darf. Arbeitet man mit basischen Ofenausfütterungen bzw. basischen Schlacken - diese Arbeitsweise wurde erstmalig von C. ADEY (7) zur systematischen Erzeugung von Gußeisen mit Kugelgraphit angewandt - so wandern nach dem Verteilungsgesetz Oxyde der Wirkstoffe in die Schmelze und dissoziieren nach der Gleichung

11) $$D_{MgO} = \frac{p_{Mg}^2 \cdot p_{O_2}}{[MgO]^2}$$

Das Gasdruckgleichgewicht wird hierbei verständlicherweise durch den Dampfdruck des Wirkstoffes beeinflußt, aber die Wirkung der aus der Dissoziation der Oxyde stammenden Wirkstoffe wird mit Sicherheit hinter der Wirkung der in ausreichendem Maße in metallischer Form zugesetzten Wirkstoffe weit zurückbleiben. Überhitzungstemperatur, Reaktionsgeschwindigkeit, Diffusionsgeschwindigkeit und die Einwirkungszeit werden entscheidende Faktoren bei einer derartigen Schmelzbehandlung sein. Es wird also nur unter gewissen Bedingungen möglich sein, mit einer derartigen Schmelzbehandlung ein Gußeisen mit kompakter bis kugelförmiger Graphitausbildung und damit verbesserten mechanischen Eigenschaften herzustellen.

In einer zweiten Versuchsserie wurde in Tiegeln aus Magnesit unter den Bedingungen der ersten Versuchsserie Untersuchungen an einem und für den vorliegenden Zweck geeigneten Normmaterial erschmolzenen Eisen mit 1,5 % C und 3,5 % Si durchgeführt. Bei einigen Schmelzen wurde ein Gemisch, bestehend aus 80 % gebranntem Kalk und 20 % Flußspat, aufgegeben. Die Schlackenmenge betrug 2,5 kg bei 30 kg Einsatzgewicht. Es wurden Proben zur Prüfung der Zugfestigkeit und eine Keilprobe von 250 mm Länge bei 60 x 60 mm Kopfendenquerschnitt in Sand und Kokille vergossen.

Die Ergebnisse lieferten den eindeutigen Beweis, daß ein basisches Arbeiten in Verbindung mit Überhitzungstemperaturen über 1600 °C bei Haltezeiten über 30 min. wesentlich besser geeignet ist, ein Gußeisen mit kompakter Graphitausbildung herzustellen, als das in Versuchsserie I beschriebene Arbeiten mit saurer Ofenzustellung. Die untersuchten Keilproben wiesen bis zu Wandstärken von 55 mm im Rohguß ausnahmslos den Graphit in kugelförmiger Ausbildung, umgeben von gut ausgebildeten Ferrithöfen, in einer perlitischen Grundmasse auf (Abb. 4 und 5). Die bei dieser Arbeitsweise erreichten Bestwerte für die Zugfestigkeiten lagen im Gußzustand zwischen 60 bis 65 kg/mm^2. Es konnte ferner beobachtet werden, daß die sauer erschmolzenen Legierungen wesentlich bessere Laufeigenschaften aufweisen, als die basisch erschmolzenen Gußlegierungen; eine Beobachtung, die von der Stahlerschmelzung her bekannt ist.

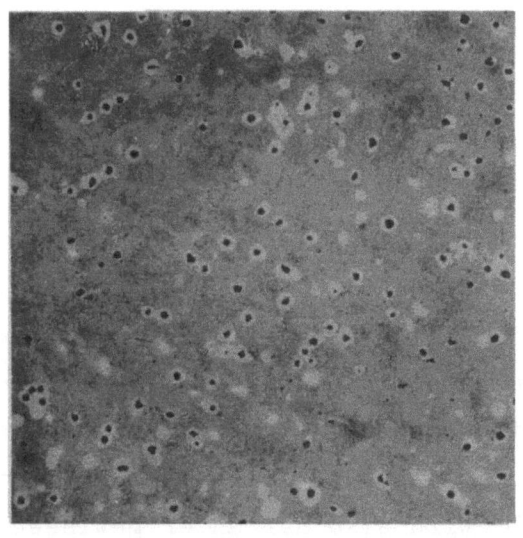

A b b i l d u n g 4
Kompakte Graphitausbildung in
Gußeisen mit hohem Siliziumgehalt
nach basischer Schmelzüberhitzung
(100-fach vergrößert)

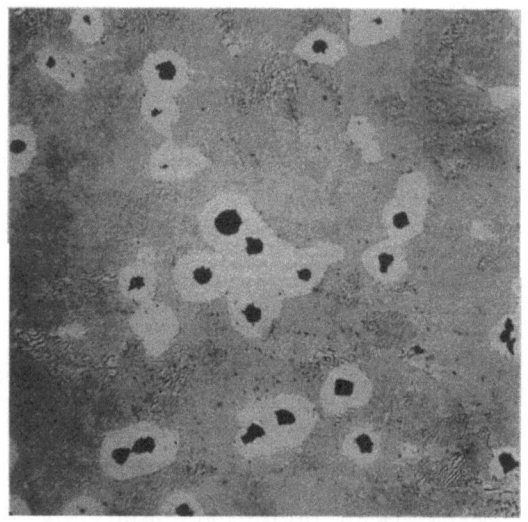

A b b i l d u n g 5
Graphitkugeln mit ausgeprägten
Ferrithöfen in perlitischer
Grundmasse (500-fach vergrößert)

Zusammenfassend kann gesagt werden, daß zwar die basische Arbeitsweise in Verbindung mit einer hohen Schmelzüberhitzung günstiger für die Herstellung eines hochwertigen Gußeisens ist, daß aber die einschränkenden Bedingungen, die in der ersten Versuchsserie aufgezeigt wurden, ihre Gültigkeit beibehalten. Nur bei Einhaltung dieser Bedingungen erscheint es möglich, ein Gußeisen mit kompakter Graphitausbildung und verbesserten mechanischen Eigenschaften durch reine Schmelzüberhitzung im basischen Ofen sowie unter basischen Schlacken herzustellen.

IV. Die Entgasung technischer Schmelzen mittels Spülgasen

Die Behandlung technischer Gußeisenschmelzen mit Spülgasen muß auf die Ausbildungsform des Graphits in Gußeisen den gleichen Einfluß ausüben wie die Behandlung einer Schmelze mit hochbasischen Schlacken oder mit einer entsprechenden Schmelzüberhitzung. Es gilt die Beziehung

$$12) \qquad [\text{Gas}] = \frac{p_{Gas}}{R \cdot T}$$

wobei $[\text{Gas}]$ die räumliche Konzentration des Gases im Metallbad bedeutet. Dabei spielt die Frage, ob eine reine Löslichkeit des Spülgases im Eisen vorliegt, eine untergeordnete Rolle, weil z.B. bei der Einleitung von Chlor als Spülgas das Chlor chemische Verbindungen mit dem Eisen oder den Eisenbegleitern bildet, sich aber auch mit den Oxyden, die im Eisenbad vorhanden sind, umsetzen kann. Liegen diese Verhältnisse vor, so würde sich die durch den Ausdruck $[\text{Gas}]$ gekennzeichnete Spülgasmenge aus der Dissoziation der betreffenden Verbindungen herleiten lassen.

Die entgasende Wirkung von Spülgasen beruht auf einer Partialdruckerniedrigung der in Gußeisenschmelzen gelösten Gase; nur, daß in diesem Fall an die Stelle des sonst üblichen Wirkstoffpartialdruckes der Partialdruck des eingeleiteten Gases tritt. Wie aus den bisherigen Ausführungen hervorgeht, bleibt der Gesamtdruck, d.h. die Summe der Partialdrucke stets ungefähr gleich, und ein Teil der im Bad vorhandenen Gase: Sauerstoff, Kohlenoxyd und Kohlendioxyd muß aus der Schmelze entfernt werden. Bei der Entfernung der im Bad vorhandenen Gase handelt es sich um eine Art Verdunstungsvorgang, bei dem die in der Schmelze vorhandenen Gase in die eingeleiteten Spülgasblasen eindiffundieren. Das eingeleitete Spülgas soll möglichst frei von dem zu entfernenden Gas sein. Für die gute Entgasung einer Schmelze mittels Spülgasen ist die Blasengröße des eingeleiteten Gases von entscheidendem Einfluß. Es muß mit einer möglichst kleinen Blasengröße gearbeitet werden, um eine große Berührungsfläche zwischen Spülgasblase und Schmelze zu erreichen und eine dadurch bedingte verringerte Aufsteigegeschwindigkeit zu erzielen, die wiederum für verlängerte Berührungszeiten sorgen soll. In einer umfassenden Arbeit von W. GELLER (8) werden in theoretischen Abhandlungen und praktischen Versuchen die Auf- und Entgasungsmöglichkeiten von flüssigen Metallbädern aufgezeigt. Die Behandlungstemperatur muß in normalen Grenzen gehalten werden, da die Gasaufnahme von Schmelzen von der Temperatur abhängig ist. Gleichung 8) würde für die Behandlung von Schmelzen mit Spülgasen folgende Form annehmen:

$$13) \qquad P = p_{Gas} + p_{O_2} + p_{CO} + p_{CO_2} \approx 1$$

Im Idealfall würde bei genügend langer Einleitungszeit also praktisch nur das Spülgas mit einem Partialdruck von annähernd 1 in der behandelten Schmelze vorhanden sein. Für eine bessere Wirtschaftlichkeit bei der Herstellung eines Gußeisens mit kompakter Graphitausbildung erscheint es zweckmäßig, vor der Behandlung einer Schmelze mit metallischen Wirkstoffen eine Vorreinigung mit einem Spülgas vorzunehmen. Die Anwendung von Spülgasen im praktischen Betrieb stellt keine wesentliche Verteuerung dar. Die Mehrkosten, die durch eine solche Behandlung auftreten, dürften durch die Einsparung metallischer Wirkstoffe um ein Vielfaches gedeckt werden. Hinzu kommt, daß durch eine Spülgasbehandlung von Gußeisenschmelzen nicht nur eine Entgasung erreicht wird und nicht nur chemische Umsetzungen mit den im Bad als Suspensionen enthaltenen Oxyden stattfinden, sondern vielmehr auch eine rein mechanische Reinigung der Gußeisenschmelze von Verunreinigungen durchgeführt wird. Es kann von einer Keimvergiftung bzw. Keimverschlackung nach W. PATTERSON (9) gesprochen werden. Die Durchwirbelung des Metallbades während des Einleitungsvorganges sorgt für eine Gleichmäßigkeit der Schmelze, die man sonst nur in einem Induktionsofen erzielen kann. In Versuchsserie III wurden die Entgasungsmöglichkeiten von Gußeisenschmelzen und ihr Einfluß auf die Verbesserung der mechanischen Eigenschaften untersucht.

Bei der Versuchsdurchführung zur Reinigung von Gußeisenschmelzen mit Spülgasen wurde der Reinigung der Spülgase von Sauerstoff und einer sorgfäl-

Forschungsberichte des Wirtschafts- und Verkehrsministeriums Nordrhein-Westfalen

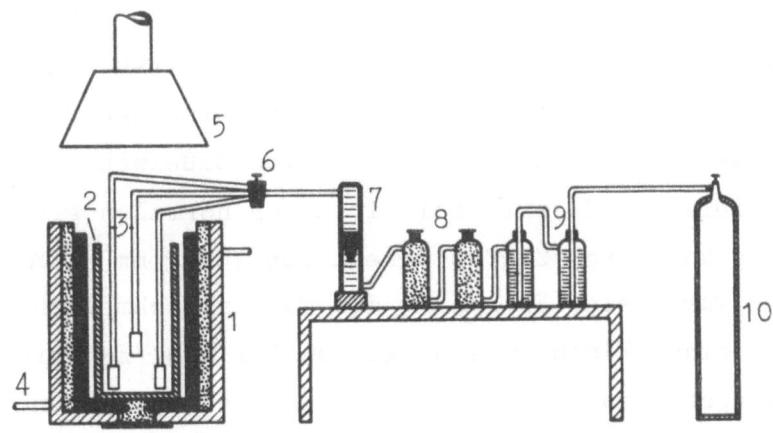

Abbildung 6

Versuchsanordnung zur Behandlung von Gußeisenschmelzen mit Spülgasen (schematisch)

1 Tammann-Ofen
2 Tiegel
3 Einleitungsrohre mit Blasenteiler
4 Kühlwasser Zu- und Abfuhr
5 Abzugsvorrichtung
6 Verteiler
7 Gasmesser
8 Trockentürme
9 Gaswaschung (Reinigung des Spülgases von O_2)
10 Spülgasbehälter

tigen Trocknung besondere Beachtung geschenkt. In Abbildung 6 wird eine schematische Skizze der Versuchsanordnung gezeigt. Das Spülgas aus der Druckflasche durchläuft, bevor es in das Gußeisenbad gelangt, zwei Waschflaschen, die mit Pyrogallol-Lösung (5 % Pyrogallol und 15 %ige Natronlauge) gefüllt sind. Beim Durchlaufen dieser Waschflaschen werden selbst geringe Sauerstoffmengen, die im Spülgas enthalten sein können, entfernt. Zur Trocknung wird das so von Sauerstoff befreite Gas durch zwei Trockentürme geleitet, die mit Blaugel (Silikagel) gefüllt sind. Erst nach dieser vorbereitenden Behandlung des Spülgases wird dieses über einen Rotamesser oder eine Gasuhr zwecks Mengenmessung durch 3 Einleitungsrohre mit Blasenzerteilern aus Graphit in die zu behandelnde Gußeisenschmelze eingeleitet.

Bei der Anwendung von Chlor als Spülgas muß die Pyrogallol-Lösung ersetzt werden. Es kann z.B. hochaktive Kohle zur Entfernung von Sauerstoff aus dem Chlor eingesetzt werden.

Als Schmelzaggregat für die Versuchsdurchführung wurde ein 10 kg-Tammannofen gewählt. Um den verwischenden Einfluß basischer Tiegelmaterialien in den Versuchsergebnissen zu vermeiden, wurde ein Ton-Graphit-Tiegel benutzt. Über die gesamte Versuchszeit wurde bei diesen Untersuchungen die Behandlungstemperatur mittels einer automatischen Regelanlage auf 1400 °C $\pm$ 10 °C gehalten. Es wurde ein für die Herstellung von Gußeisen mit Kugelgraphit geeignetes schwefelarmes Rohmaterial mit einer normalen groblamellaren Graphitausbildung und einer Zugfestigkeit von 18 kg/mm^2 eingesetzt. In den ersten Versuchen wurde eine Entgasung der Gußeisenschmelzen mit Chlor durchgeführt bei einer Einleitungsmenge von 5 l/min. Es wurde mit wechselnden Behandlungszeiten gefahren, wobei nach 5, 15, 30 und 45 Minuten eine Probe genommen wurde. Dann wurde der Rest der behandelten Schmelze zu Zerreißstäben vergossen, die in Kernsand geformt waren, um Feuchtigkeitseinflüsse auszuschließen. Vor dem Abgießen wurde die Schmelze mit 0,4 % 96 %igem FeSi geimpft.

Die metallographischen Untersuchungen ergaben bereits nach 5 Minuten Behandlungsdauer eine beträchtliche Graphitverfeinerung, wie sie sonst nur mit einer lang andauernden Schmelzüberhitzung und/oder unter basischen Schlacken erreicht werden kann. Mit steigenden Behandlungszeiten konnte eine zunehmende Neigung der Schmelze zur weißen Erstarrung beobachtet werden; d.h. oberhalb der Behandlungszeit von 15 min. trat im Grundgefüge Zementit auf, dessen Anteil mit steigender Behandlungszeit beträchtlich zunahm. Diese Erscheinung ist jedem Gießer geläufig, der sich mit der Herstellung von Gußeisen mit Kugelgraphit mittels Wirkstoffen beschäftigt. Der Grund für die Neigung zur erhöhten Weißerstarrung der Schmelze ist einmal in der größeren Gasfreiheit zu suchen, zum anderen werden wahrscheinlich während des Waschvorganges die in der Schmelze in Suspensionen vorliegenden Fremdkeime rein mechanisch aus der Schmelze ausgewaschen, vergiftet oder verschlackt, so daß während dieser Behandlung die Schmelze an Keimen ärmer wird, was sich bei nachfolgender Kristallisation in der vorerwähnten Erscheinung äußert. Durch Bruchproben wurde die Veränderung der Schmelzen während der Schmelzbehandlung laufend verfolgt und die Neigung zur karbidischen Erstarrung festgestellt. Durch Zugabe von Impfsilizium vor dem Abgießen der Formen konnte diesem Effekt begegnet werden. Die metallographischen Untersuchungen zeigten, daß der Graphit in feinst verteilter Form regellos in einem rein perlitischen Grundgefüge vorhanden war (Abb. 7 und 8). Ganz vereinzelt konnten in dem Mikrogefüge vorzugsweise dort gut ausgebildete Graphitkugeln beobachtet werden, wo eine erhöhte Abkühlungsgeschwindigkeit vorgeherrscht haben mußte; d.h. vor

 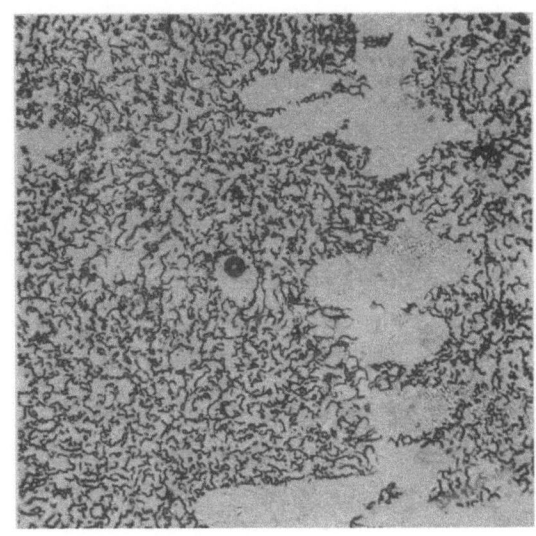

Abbildung 7
Graphitausbildung nach 45 min
Behandlungszeit, $Cl_2 + N_2$
geimpft (100-fach vergrößert)

Abbildung 8
Fein ausgebildetes Graphiteutektikum
mit einzelnen Graphitkugeln in
feinstreifigem Perlit
(500-fach vergrößert)

allem in den Randzonen der Proben. Die Größe der Graphitkugeln lag dabei zwischen 6 bis 10 μ.

Durch diese Waschbehandlung der Gußeisenschmelzen mit Chlor als Spülgas ließen sich Steigerungen der Zugfestigkeit um rund 100 % erreichen, wobei die Bestwerte der Versuchsreihe diesen angegebenen Wert noch übertrafen. In den Abbildungen 9 bis 12 wird die Graphitausbildung in Abhängigkeit von der Einleitungszeit deutlich gekennzeichnet. Mit steigender Einleitungszeit kann eine Graphitverfeinerung beobachtet werden und eine Zunahme des Zementits, d.h. eine erhöhte Neigung zur Weißerstarrung in den Schmelzen. Bei den höchsten Behandlungszeiten wird außerdem ein stark ansteigendes Dendritenwachstum beobachtet. Durch Vielzahl von Härtemessungen wurde ein Diagramm aufgestellt, um den Härteverlauf mit steigender Einleitungszeit zu verfolgen. In Abbildung 13 wird das Ergebnis dieser Messungen dargestellt.

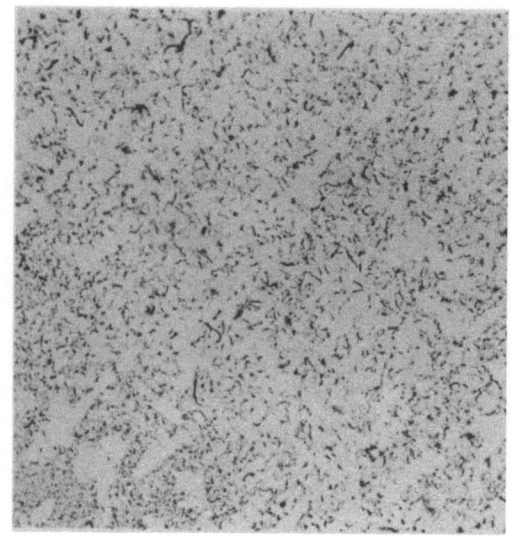

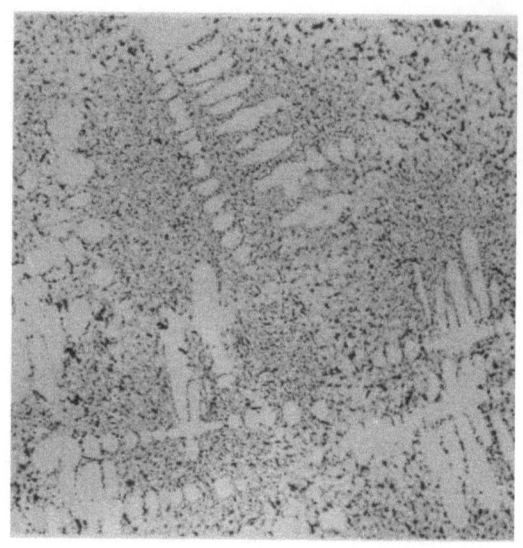

Abbildung 9
Gefügeausbildung nach Behandlung
mit $Cl_2 + N_2$ nach 5 min
(100-fach vergrößert)

Abbildung 10
Gefügeausbildung nach Behandlung
mit $Cl_2 + N_2$ nach 15 min
(100-fach vergrößert)

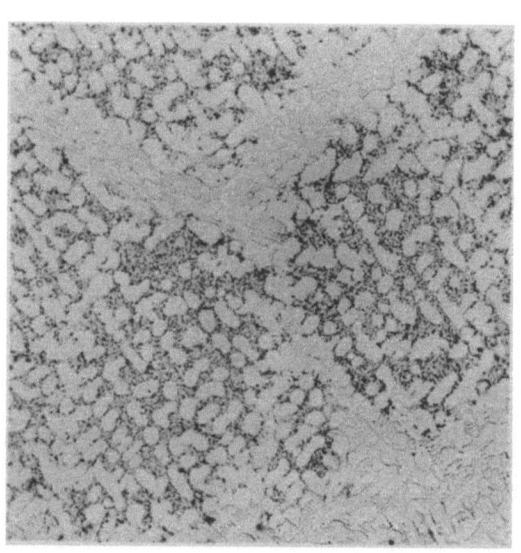

Abbildung 11
Gefügeausbildung nach Behandlung
mit $Cl_2 + N_2$ nach 30 min
(100-fach vergrößert)

Abbildung 12
Gefügeausbildung nach Behandlung
mit $Cl_2 + N_2$ nach 45 min
(100-fach vergrößert)

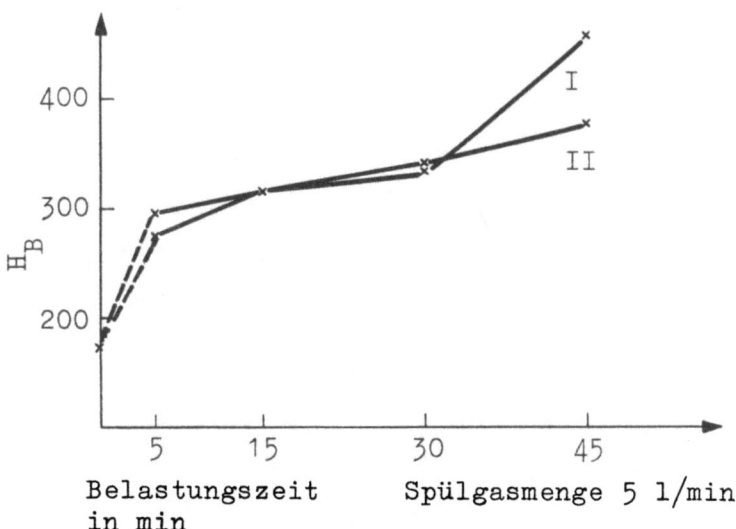

Abbildung 13

Härtezunahme des Mikrogefüges in Abhängigkeit von der Einleitungszeit
und der Spülgasmenge

Kurve 1: Jeder eingezeichnete Wert wurde aus 45 netzartig
angeordneten Meßwerten gemittelt. (Mit Mikrohärteprüfer 300 g
Belastung, 10 min Belastungszeit)

Kurve 2: Jeder eingezeichnete Wert wurde aus 3 Meßwerten (2,5 mm
Kugeldurchmesser, 187,5 kg Belastung) gemittelt

Tabelle 2

Festigkeitswerte nach 45 min Behandlungszeit mit $5\ l\ Cl_2 + N_2/min$

P	Zugfestigkeit	Bemerkungen
P_0	18,00 kg/mm²	unbehandelt
P_1	38,78 "	--
P_2	36,26 "	--
P_3	34,35 "	--
P_4	30,65 "	kleine Randlunker
P_5	39,80 "	--
P_6	36,15 "	--

Durch weitere Versuchsserien erfolgte eine Untersuchung über die Behandlung von Gußeisenschmelzen unter sonst gleichen Bedingungen mit Stickstoff und/oder Wasserstoff als Spülgas. Die mit einer Chlorbehandlung erzielten

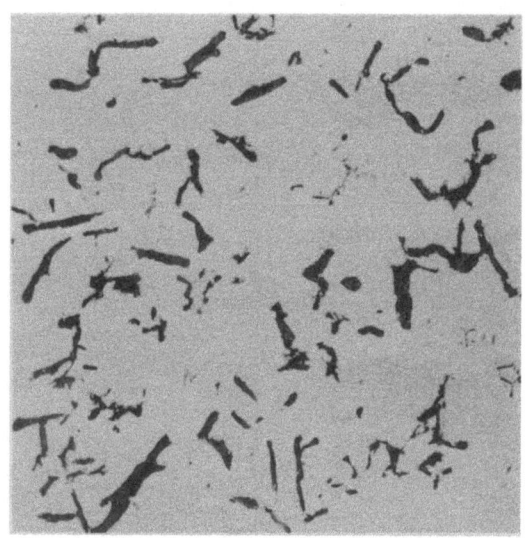

Abbildung 14

Säulengraphit nach einer Spülgasbehandlung mit N_2 (100-fach vergrößert)

Ergebnisse ließen sich ausnahmslos in vollem Umfang bestätigen. Bei der Behandlung mit Stickstoff fiel eine eigenartige Graphitform auf, die mit Säulengraphit (Abb. 14) bezeichnet werden könnte und eine erhöhte Neigung zur Bildung von Quasiflakes bzw. ausgesprochenen Graphitkugeln hat. Diese Beobachtung konnte allerdings nicht in allen Versuchen treffsicher reproduziert werden, was nach Auffassung der Verfasser auf unterschiedliche Gasgehalte im Ausgangsmaterial zurückgeführt werden muß. Der Grund für die erheblichen Graphitverfeinerungen mit Wasserstoff als Spülgas läuft an sich den bisherigen Literaturangaben zuwider. Die positiven Ergebnisse bei den vorliegenden Untersuchungen müssen auf die gewissenhaft durchgeführte Reinigung des Spülgases von geringen Spuren Sauerstoff und auf die vollständige Trocknung der Spülgase zurückgeführt werden.

Es erscheint an dieser Stelle notwendig darauf hinzuweisen, daß eine Spülgasbehandlung mit Chlor allein als Spülgas sehr schwierig ist. Voraussetzung für eine erfolgreiche Behandlung mit Chlor scheint das Arbeiten in einem Graphittiegel und sorgfältigste Reinigung des Spülgases zu sein. Wahrscheinlich aber wird aus reinen Wirtschaftlichkeitsgründen eine Chlorbehandlung von Gußeisenschmelzen stets hinter einer Behandlung mit den erwähnten anderen Spülgasen an Bedeutung zurückbleiben. Wenn allerdings, wie im vorliegenden Fall, mit einem Gemisch von Chlor und Stickstoff als Spülgas gearbeitet wird, so lassen sich die mitgeteilten Ergebnisse treffsicher erzielen.

Anschließend an vorgenannte Untersuchungen wurden Versuche in betrieblichem Maßstab angesetzt, um die Verhältnisse für die Anwendung von Spülgasen zur Reinigung von Gußeisenschmelzen zu untersuchen. Bei diesen Untersuchungen beschränkte man sich auf die Anwendung von Chlor und Stickstoff. Aus betrieblichen Gründen konnte nur mit einem Einleitungsrohr gearbeitet werden. Die Behandlungszeiten wurden wesentlich auf maximal 10 min verkürzt. Trotz dieser ungünstigen Einflüsse, die durch die Änderung gegenüber den anderen Untersuchungen eintreten mußten, bestätigten die Großversuche in vollem Umfang die bekannten Ergebnisse. Es konnten beachtliche Graphitfeinungen beobachtet werden, die mit einer Steigerung der Zug- und Biegefestigkeit um annähernd 50 % bei Steigerungen der Durchbiegung um rund 70 % verbunden waren.

Zusammenfassend kann gesagt werden, daß die Anwendung von Spülgasen zur Schmelzreinigung für den Graugießer ebenso interessant wie wirtschaftlich ist, zumal auf diese Weise teure Vorlegierungen eingespart werden können. Es ist ohne weiteres möglich, mit diesem Verfahren treffsichere Festigkeiten von 40 kg/mm^2 zu erzielen.

V. Die Anwendung von Hochvakuum zur Gasreinigung von Gußeisenschmelzen

Wird eine Gußeisenschmelze in ein Hochvakuum gebracht, so muß die Gleichung 7) ebenfalls ihre Gültigkeit behalten, denn mit Abnahme des Gesamtdruckes (< 1) müssen auch sämtliche Partialdrucke abnehmen. Für das Hochvakuum ließe sich dann folgende neue Beziehung aufstellen:

$$14) \quad _vP = {_vP_{O_2}} + {_vP_{CO}} + {_vP_{CO_2}} \qquad (_vP = \; < 1)$$

Das Vakuum, das in einer neuzeitlichen Hochvakuum-Anlage bei den Überhitzungstemperaturen des Eisens erzielt werden kann, beträgt 5/10 000 Torr. Dieser Wert entspricht einem Druck von

$$15) \quad _vP = 3,8 \cdot 10^{-7} \text{ at.}$$

Damit ergibt sich der Gleichgewichtszustand zwischen dem Druck im Gasraum und der Summe der Partialdrucke in der Gußeisenschmelze zu:

$$16) \quad _vP = 3,8 \cdot 10^{-7} = {_vP_{O_2}} + {_vP_{CO}} + {_vP_{CO_2}}$$

Nach den bisherigen Überlegungen wären mit der Einstellung des in Gleichung 16) angegebenen Gleichgewichtszustandes die besten Voraussetzungen für die Entstehung von kompaktem Graphit gegeben. Tatsächlich konnte H.A. NIPPER (10) im Jahre 1935 bei Arbeiten im Hochvakuum eine kompakte Graphitausbildung finden, die unter gekreuzten Nicols das typische Sphärolithenkreuz im polarisierten Licht aufwies. Die Verfasser untersuchten eine Vielzahl von Gußeisenproben, die etwa 3 bis 4 Stunden in einem Hochvakuum bei einer Temperatur von 1600 bis 1700 °C im Graphittiegel standen. Die metallographischen Untersuchungen bestätigten die Angaben von NIPPER. In der Nähe der Randzone, d.h. an Stellen höherer Abkühlungsgeschwindigkeit, befanden sich mehr oder weniger gut ausgebildete Graphitkugeln. Dagegen war der Graphit in der Mitte der Probe sehr feineutektisch, aber im Gegensatz zu normal eutektischem Graphit waren die einzelnen Partikel gut rund ausgebildet (Abb. 15).

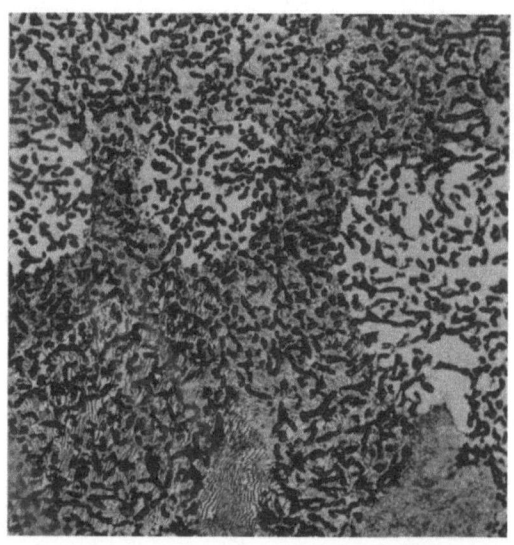

A b b i l d u n g 15
Eutektische Graphitausbildung kompakt in evakuierten Proben
(500-fach vergrößert)

Ferner wurden praktische Versuche in einer Hochvakuumanlage durchgeführt, um den Einfluß einer Vakuumbehandlung auf die mechanischen Eigenschaften von Gußeisen zu ermitteln. Bei diesen Untersuchungen wurde von einem Roheisen mit groblamellarer Graphitausbildung ausgegangen, das in einem Quarztiegel bei Temperaturen zwischen 1300 bis 1400 °C erschmolzen wurde und 180 Minuten unter einem Vakuum von $20 \cdot 10^{-3}$ mm Hg stand. Die Schmelzen kamen in Kernsand zum Abguß nach folgenden vorbereitenden Behandlungen:

1) Schmelzen evakuiert und unter Luft vergossen.
2) Schmelzen evakuiert und unter Vakuum vergossen.
3) Schmelzen evakuiert, unter Stickstoff vergossen.

T a b e l l e 3

Zugfestigkeiten evakuierter Gußeisenschmelzen

P	Zugfestigkeit kg/mm^2	Behandlungsart
P_0	16 - 18	unbehandelt
P_1	30,90	evakuiert, unter Luft vergossen
P_2	30,50	
P_3	37,80	evakuiert, unter Vakuum vergossen
P_4	36,50	
P_5	46,50	evakuiert + N_2-Behandlung
P_6	46,50	
P_7	46,00	

Die mechanischen Werte wiesen erhebliche Unterschiede auf, und bestätigten erneut die Annahme, daß für eine Gütesteigerung des Gußeisens eine möglichst große Gasfreiheit der Schmelzen eine Notwendigkeit ist. Die erreichten Festigkeitssteigerungen lagen bei über 150 % der Bestwerte. Die Versuche bestätigten aber auch erneut die Auffassung, daß selbst kurze Zeiten, in denen die entgaste Schmelze mit Luftsauerstoff in Berührung ist, ausreichen können, um einen erreichten günstigen Einfluß rückläufig zu gestalten (vgl. die Festigkeitswerte der evakuierten und dann unter erneutem Luftzutritt vergossenen Proben). Von der Vielzahl der Gefügebilder sollen nur die Aufnahmen der besten Proben gezeigt werden (Abb. 16 und 17) Wirkstoff- und Spülgasbehandlung beeinflussen nur indirekt die Ausbildung des Graphits in Kugelform. Gas- und Sauerstoffarmut der Gußlegierung sind zumindestens entscheidend an der Ursache der Graphitausbildung in Kugelform beteiligt.

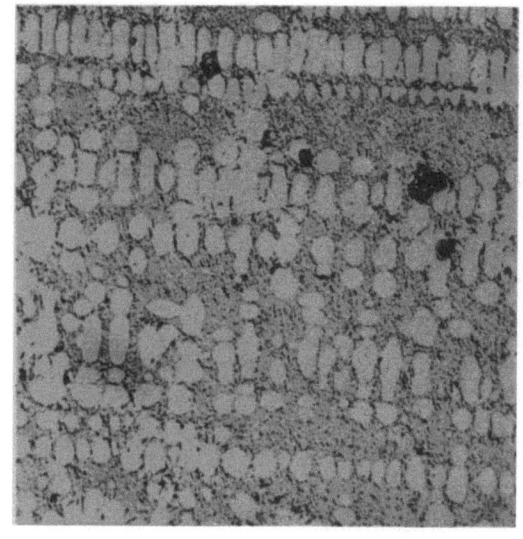 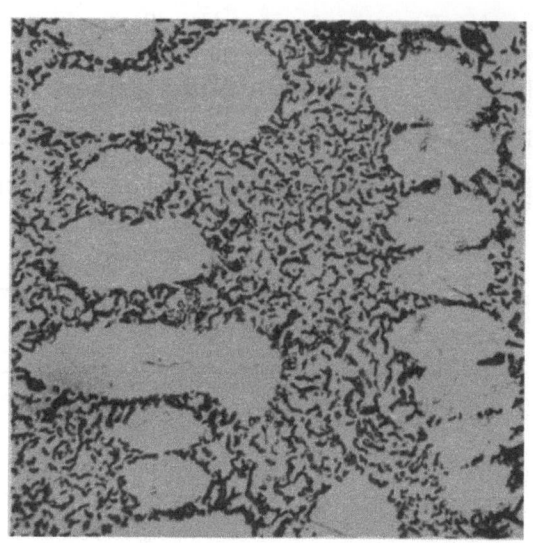

Abbildung 16
Evakuiert auf $20 \cdot 10^{-3}$ mm Hg mit
N_2 behandelt und vergossen
(100-fach vergrößert)

Abbildung 17
Gefügeaufnahme der Probe
Abbildung 16 (500-fach vergrößert)
Graphiteutektikum kompakt

MORROGH und WILLIAMS (11) konnten zeigen, daß in Nickel- und Kobalt-Kohlenstofflegierungen der Graphit bei sehr hohen Abkühlungsgeschwindigkeiten die Neigung zeigen kann, sich in Kugelform auszuscheiden. Diese Ergebnisse konnten durch Eigenversuche der Verfasser ohne irgend eine Anwendung von Wirkstoffen voll bestätigt werden (Abb. 18). Diese Feststellung ist klar und verständlich, wenn man davon ausgeht, daß Nickel-Schmelzen eine viel geringere Neigung zur Sauerstoffaufnahme zeigen. Durch die Wahl der Versuchsdurchführung - Elektrolyt-Nickel wurde mit Petrolkoks geschichtet - müßten die besten Voraussetzungen gegen eine Sauerstoffaufnahme der Schmelzen geschaffen worden sein, denn beim Erhitzen bildet das Nickel in niedrigen Temperaturbereichen nach der Gleichung

17) $\quad Ni + 4C + 2O_2 \longrightarrow Ni(CO)_4$

gasförmige Nickel-Karbonyle, die entweichen und für eine Sauerstoffarmut der Schmelzen sorgen. Die Nickel-Karbonyle haben die Eigenschaften, in höheren Temperaturbereichen zu zerfallen; nach diesem Zerfall dürften sie nicht mehr in Reaktion mit der Nickel-Schmelze treten. In dieser Tatsache ist der Grund zu suchen, daß es möglich ist, ohne Wirkstoffbehandlung Kugelgraphit in Nickel-Schmelzen zu erzeugen. Die Verfasser konnten aber

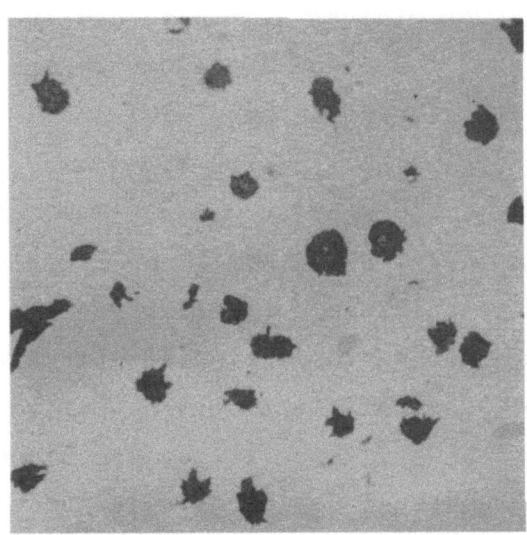

Abbildung 18
Kompakter Graphit in aufgekohlter Ni-Schmelze
(500-fach vergrößert)

auch nachweisen, daß gasarme Eisenschmelzen, die nur kurz oberhalb des Schmelzpunktes in Kokillen vergossen wurden, in den Randzonen den Graphit in gut ausgebildeter Kugelform ausscheiden, obwohl auch in diesem Fall keinerlei Wirkstoffbehandlung stattgefunden hatte (Abb. 19).

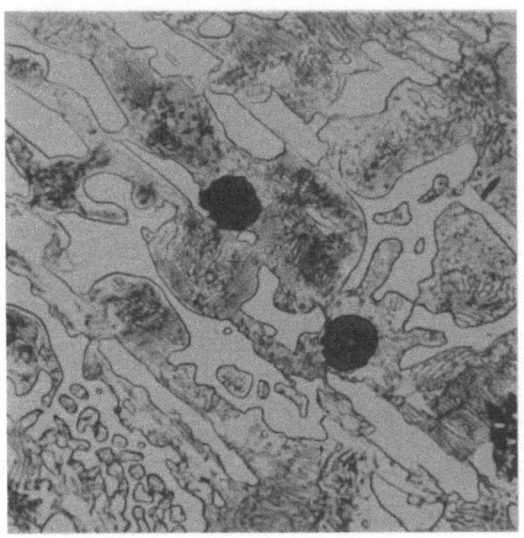

Abbildung 19
Kompakte Graphitausbildung bei einer in Kokille vergossenen
Gußeisenschmelze (1500-fach vergrößert)

H. MORROGH (12) teilte vor einiger Zeit mit, daß Kupfer auf die Kugelgraphitbildung oberhalb 3 % Zugabemenge einen schädlichen Einfluß ausübe. Diese Feststellung läuft der Auffassung, wie sie in dieser Veröffentlichung niedergelegt ist, zuwider. Es wird angenommen, daß MORROGH mit der Kupferzugabe zu einer mit Wirkstoffen behandelten Gußeisenschmelze erneut Sauerstoff eingeschleppt hat, zumal mit einer Cer-Zugabe, also einer zweiten Desoxydation, die Graphitkugeln erneut im Gefüge beobachtet werden konnten. Bei eigenen Versuchen wurde eine mit Wirkstoff behandelte Gußeisenschmelze mit 6 % flüssigem Elektrolyt-Kupfer, das mit 0,1 % Phosphor-Kupfer desoxydiert worden war, versetzt, um ein Einschleppen von Sauerstoff durch die Kupferzugabe zu vermeiden. Die anschließende metallographische Untersuchung zeigte, daß die behandelte Gußeisenschmelze trotz eines 6 %igen Kupferzusatzes die Neigung beibehielt, den Graphit in Kugelform auszuscheiden (Abb. 20). Dieser Versuch dürfte ein weiterer Beweis dafür sein, daß der Oxydgehalt einer Schmelze die Kugelgraphitkristallisation sehr ungünstig beeinflußt.

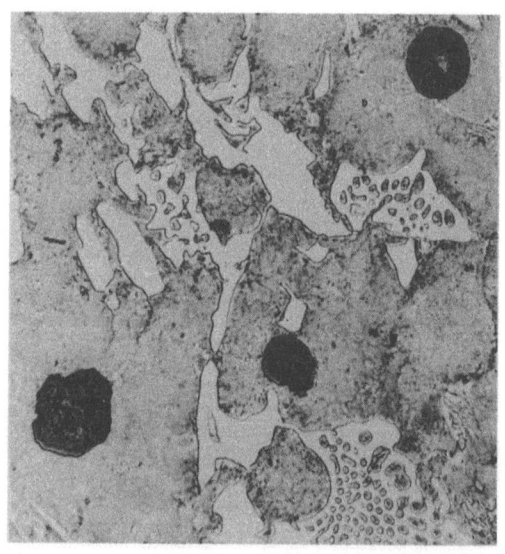

A b b i l d u n g 20
Kugelgraphit in einer Gußeisenschmelze nach Zusatz von 6 % Cu
(500-fach vergrößert)

VI. Die Anwendung von Reaktionsgemischen bei Gußeisenschmelzen zum Zwecke einer weitgehenden Desoxydation

Es wurde aus den bisherigen Erkenntnissen der Schluß gezogen, daß für die Herstellung eines hochwertigen Gußeisens die Anwendung von Reaktionsgemischen interessant sein kann. Seit Jahrzehnten sind thermische Reduktionsverfahren zur Darstellung von Magnesium bekannt. Als Reduktionsmittel werden bei diesen Verfahren Kohlenstoff, Calzium-Karbid, Silizium, Calzium-Silizium und Aluminium genannt. A. SCHNEIDER (13) behandelte in einer umfassenden Arbeit die Reduktionsmöglichkeit der verschiedenen Magnesium-Oxyd-Verbindungen und stellte Umsatzkurven für die ablaufende Reaktion auf. Im Rahmen der eigenen Untersuchungen wurde versucht, diese Umsetzungen über oder unter Gußeisenschmelzen ablaufen zu lassen mit dem Ziel, durch Eindiffundieren des entstehenden Magnesiumdampfes in die Gußeisenschmelze letztere zur kugeligen Kristallisation des Graphits zu bringen. Folgende Reduktionsreaktionen lagen den einzelnen Versuchsserien zugrunde:

1) $MgO + CaC_2 \rightleftharpoons Mg + CaO + 2C$ - rd. 40 kcal

2) $4 MgO + Ca_2Si_5 \rightleftharpoons 4Mg + Ca_2SiO_4$ - kcal

3) $2 (CaO \cdot MgO) + Si \rightleftharpoons 2Mg + Ca_2SiO_4$ - 125 kcal

Die angewandten Mischungsverhältnisse der Reaktionsgemische gehen aus nachfolgender Tabelle hervor und sind auf Mole als Einheit bezogen.

Tabelle 4

Reaktionsgemische	Mischungsverhältnisse pro Mol
$MgO + CaC_2$	$MgO : CaC_2 = 1 : 1$
$MgO + Ca_2Si_5$	$MgO : Si = 1 : 1,25$
$(CaO \cdot MgO) + Si$	$MgO : Si = 1 : 2$

Bei der ersten Versuchsreihe dieser Serie wurde die Einsatzmenge in einem Magnesittiegel, dessen Boden mit der Wirkmenge des Reaktionsgemisches ausgestampft war, niedergeschmolzen, auf 1350 °C erhitzt, mit dem Reaktionsgemisch abgedeckt und anschließend bei Haltezeiten zwischen 15 min und 2 1/2 Stunden auf der genannten Versuchstemperatur belassen, alsdann im Tiegel abgekühlt. Schon innerhalb der ersten 30 min zeigten sich beträchtliche Graphitfeinungen. Der Graphit lag ähnlich wie bei vakuumerschmolzenen Gußeisen vor. Nahe den Grenzflächen Schmelze - Reaktionsgemisch waren auch bereits zahlreiche kompakte, temperkohleartige Koagulierungen zu erkennen. Ausgesprochene Graphitkugeln konnten aber selbst nach 2 1/2-stündiger Behandlungszeit noch nicht festgestellt werden. Es mußte aus diesem Ergebnis gefolgert werden, daß die Diffusionsgeschwindigkeit des entstehenden Magnesiumdampfes in Richtung Schmelze mangels ausreichenden Kontaktes zwischen Schmelze und Gemisch zu gering war. Andererseits ist bekannt, daß ein gewisser Flüssigkeitsgrad erforderlich ist, um eine Umsetzung reaktionsfreudiger zu gestalten. So wurde, um diesem Faktor Rechnung zu tragen, in einer erneuten Versuchsserie dem Reaktionsgemisch 0,5 % FeSi (96 %ig), bezogen auf den metallischen Einsatz, zugesetzt. Die Diffusionsgeschwindigkeit wurde durch Rühren erhöht. Nach dieser Maßnahme fiel der ausgeschiedene Graphit in den anschließend durchgeführten Untersuchungen in den Proben in Kugelform mit Anteilen an Quasiflakes an. Es konnte eine eigenartige Graphitform beobachtet werden, die bisher anscheinend noch nicht beobachtet wurde. Häufig waren zwei Graphitkugeln durch eine Graphitader so miteinander verbunden, daß sie den Eindruck einer "Hantel" machten (Abb. 21). Bei diesen Untersuchungen wurde auch der Einfluß, den die verschiedensten Tiegelmaterialien ausüben, festgestellt. Dabei ergab sich, daß ein Kohletiegel den günstigsten Einfluß auf das Mikrogefüge hat. Das kann nach den gemachten Ausführungen nicht weiter verwundern, weil er wohl der Tiegel ist, der die stärkste reduzierende Atmosphäre schafft. Mit einem Korundtiegel konnten unter sonst gleichen Bedingungen keine Graphitkugeln in den untersuchten Proben beobachtet werden. Diese Feststellung verleitet zu der Annahme, daß vielleicht Aluminium auf die Ausbildung von kompaktem bzw. kugeligem Graphit einen gewissen Stör-

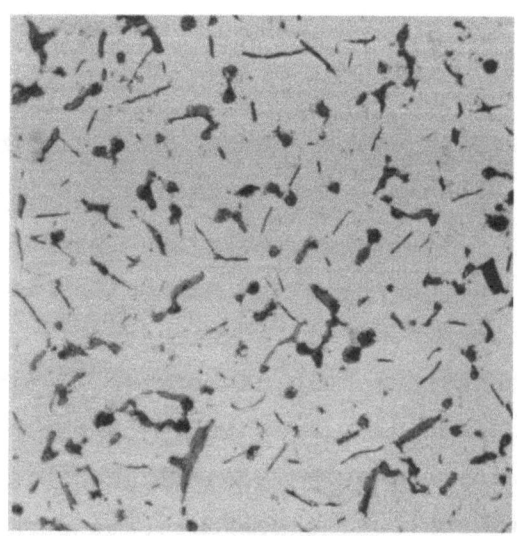

Abbildung 21
Hantelgraphit (200-fach vergrößert)

effekt ausübt, was nach Auffassung der Verfasser aber nicht zutrifft, wie später noch dargelegt wird. Vielmehr dürfte der Grund für das Nichtgelingen der Graphitbeeinflussung in einer erneuten Sauerstoffeinschleppung zu suchen sein. Magnesittiegel zeigten einen günstigen, jedoch geringeren Einfluß als die Kohletiegel.

Nach diesen an sich positiven Ergebnissen wurde die Reaktionstemperatur von 1350° auf 1650 °C erhöht, um gleichzeitig den günstigen Einfluß einer Schmelzüberhitzung aufzuzeigen. Die Behandlungszeiten von 45 min mit Reaktionsgemisch 2 erbrachten eine vollkommen karbidische Erstarrung. Der Grund für dieses Ergebnis ist die hohe Schmelzüberhitzung und die dadurch geschaffenen besseren Reduktionsbedingungen, die mit einem größeren Wirkstoffangebot verbunden sind. Der in den Schmelzen frei ausgeschiedene Kohlenstoff war in kleinen, aber gut ausgebildeten Graphitkugeln vorhanden. Durch eine Glühung 4 Stunden bei 950 °C und 2 Stunden bei 720 °C mit anschließender Ofenabkühlung konnte der Graphit in eine kugelige bis kompakte Graphitausbildung überführt werden. Bei einer Wiederholung der Schmelzen unter sonst gleichen Bedingungen erstarrten diese nach Zugabe von 0,4 % Impfsilizium im kritischen Abkühlungsbereich von 1350 °C vollkommen grau, wobei der Graphit fast ausschließlich in Form von Graphitkugeln neben vereinzelten Quasiflakes vorlag (Abb. 22). Mit den Reaktionsgemischen 1 bzw. 3 wurden unter sonst gleichen Bedingungen nur Teilerfolge erzielt. Anschließende Großversuche in einem Graphitstabofen bestätigten nur teilweise

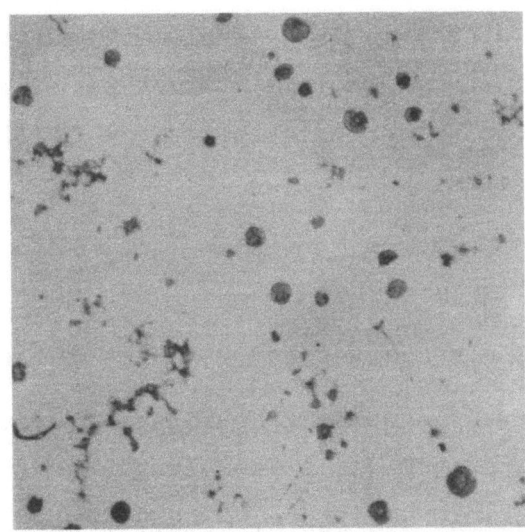

A b b i l d u n g 22
Kugelgraphit mit Quasiflakes (200-fach vergrößert)

Forschungsberichte des Wirtschafts- und Verkehrsministeriums Nordrhein-Westfalen

die mitgeteilten Ergebnisse. Es zeigte sich, daß der Graphitstabofen mit seiner relativ großen Badoberfläche und seiner geringen Badtiefe für derartige Versuche ungünstig ist. Viel geeigneter für die Anwendung von Reaktionsgemischen erscheint den Verfassern die Anwendung eines Induktionsofens, weil durch die in diesem Ofen vorherrschende Badbewegung ein inniger Kontakt zwischen Schmelze und Reaktionsgemisch erreicht wird, der größere Reaktions- und Diffusionsgeschwindigkeiten zur Folge hat und sicherlich befriedigende Ergebnisse liefert. Das Einbringen der angegebenen Reaktionsgemische mit einer Tauchglocke ist nicht möglich, da durch Ablauf der Reaktion sehr bald eine Kontaktverschlechterung eintritt, die ein Ausreagieren des Reaktionsgemisches unmöglich macht. Es besteht allerdings bei den Gemischen die Möglichkeit, mit Preßlingen zu arbeiten, die vor allen Dingen bei Kupolöfen mit Vorherd aussichtsreich erscheinen.

Aus den Beobachtungen im Laufe der Versuche ergab sich, daß es nicht zweckmäßig ist, die den Wirkstoff enthaltende Komponente in oxydischer Form zu wählen. Bei der Umsetzung wird zwar der Wirkstoff als solcher dem Eisenbad zugeführt, andererseits aber erscheint es vom Standpunkt des Metallurgen unzweckmäßig, eine Komponente zuzuführen, die entfernt werden soll, wie dies bei oxydischen Gemischen durch den Sauerstoff gegeben ist. Nach klarer Erkenntnis der nachteiligen Einwirkung von Sauerstoff auf die Ausbildungsform des Graphits wurden Reaktionsgemische geschaffen, die den Wirkstoff im status nascendi entstehen lassen, der dann in die Schmelze eingebracht werden kann. Auf diese Weise ist es möglich, auch solche Wirkstoffe in Schmelzbäder einzubringen, die an sich auf Grund ihrer großen Affinität zu Sauerstoff kaum in metallischer Form eingebracht werden können. An diese Gemische wurden nach bisherigen Erfahrungen folgende Forderungen geknüpft:

1. die den Wirkstoff enthaltende Verbindung soll keinen Sauerstoff enthalten;

2. das Gemisch soll keine Hydroxyde und kein Kristallwasser enthalten;

3. der Schmelzpunkt der zur Anwendung kommenden Stoffe soll unterhalb der üblichen Behandlungstemperatur des Eisens liegen;

4. die Reduktionskomponente, die den Wirkstoff nicht enthält, soll so gewählt werden, daß die Umsetzung bei den Behandlungstemperaturen in der gewünschten Richtung verläuft und der Wirkstoff frei wird.

Die aufgestellten vier Forderungen scheinen am ehesten von Fluoridgemischen erfüllt zu werden, wie einige thermodynamische Berechnungen noch zeigen werden. Die bei den Versuchen angewandten Gemische wurden auf der Natrium- bzw. Kalzium-Fluoridbasis gewählt, wobei als Reduktionskomponente Silizium oder Aluminium angewandt wurde. Die Gemische wurden zunächst in stöchiometrischen Verhältnissen zusammengesetzt, später wurde jedoch auf Grund von Erfahrungen die Reduktionskomponente mit einem Überschuß von 20 bis 25 % dem Gemisch zugesetzt. Die Reaktionsgemische zeigten gegenüber den oxydischen Gemischen eine wesentlich bessere Reaktionsfreudigkeit. Die Behandlungszeiten gingen auf etwa 5 Minuten zurück. Diese kurzen Behandlungszeiten erlaubten die Anwendung einer Einblasvorrichtung (Abb. 23), wobei als Trägergas Wasserstoff bzw. Stickstoff zur Anwendung

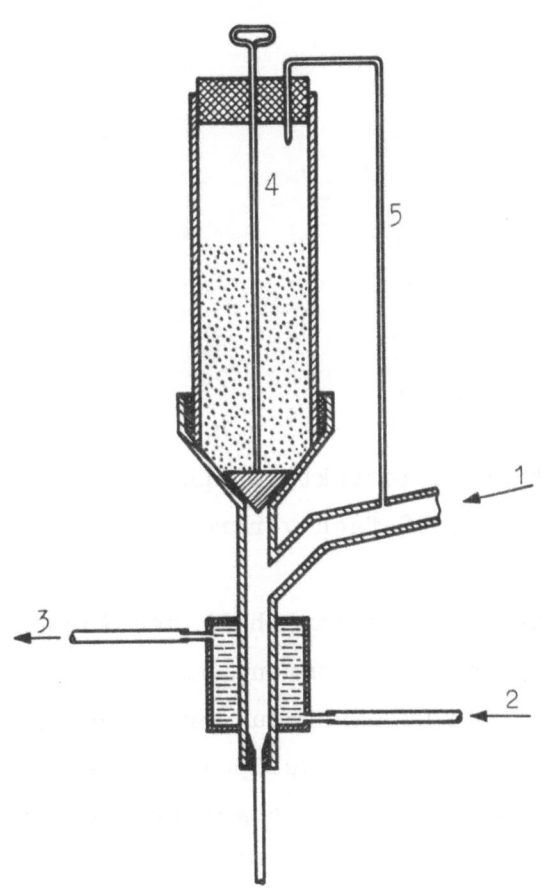

A b b i l d u n g 23

Blasvorrichtung zum Einblasen von Reaktionsgemischen (schematisch).

   1 Anschluß für Trägergas 4 Mengenregler für
   2 Kühlwasser-Einlaß   Reaktionsgemisch
   3 Kühlwasser-Auslaß   5 Druckausgleich

kam. Auch diese Gemische bieten die Möglichkeit zur Herstellung von Preßlingen. Die Preßlinge haben allerdings den Nachteil, daß sie auf Grund ihres Gewichtes speziell in den Behandlungsbehälter eingebaut werden müssen. Es wäre zu überlegen, das Reaktionsgemisch mit oxydfreien Gußeisenspänen zusammen zu Preßlingen zu verarbeiten, um so die Behandlung einfacher zu gestalten. Durch derartige Behandlungen konnten Zugfestigkeitswerte für Gußeisen erreicht werden, die zwischen 50 bis 60 kg/mm^2 lagen. Der Graphit war weitestgehend kompakt ausgebildet, wie Abbildung 24 zeigt.

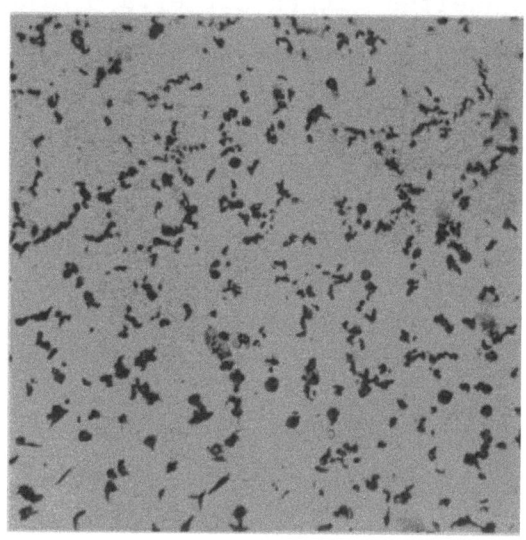

A b b i l d u n g 24
Weitgehend kompakte Graphitausbildung
(500-fach vergrößert)

Im Rahmen von Forschungsarbeiten innerhalb des Aachener Gießerei-Instituts wurde auch der Versuch unternommen, diese Reaktionsgemische zur Schweißung von hochwertigem Gußeisen zu verwenden. Es zeigte sich dabei, daß diese Gemische sehr gut als Schweißpulver geeignet sind. Ein Nachteil dieser Gemische ist auch hier das geringe Gewicht. Diesem Übelstand kann aber abgeholfen werden, wenn das Gemisch als Umhüllung von Schweißelektroden zur Anwendung kommt. Dabei wäre die Überlegung nicht unwichtig, ob diesen Gemischen nicht ein erhöhter Silizium-Gehalt beizugeben wäre, um ein Weißfallen der Schweißnaht zu vermeiden.

Eine interessante Beobachtung bei den vorgenannten Arbeiten erscheint erwähnenswert. Wenn Umhüllungen der Schweißelektroden fehlten, so konnte beim Elektroschweißen keine kugelige Graphitausbildung in den Schweißnähten gefunden werden. Beim Autogenschweißen dagegen trat nahezu immer Kugelgraphit in den Schweißnähten auf. Diese Beobachtung kann als ein weiterer Beweis für den schädlichen Einfluß von Sauerstoff gewertet werden, denn während beim Autogenschweißen mit einer Schutzgasschicht über der Schmelze gegen den Luftsauerstoff gerechnet werden kann, ist die Schweissung beim Elektroschweißen, wenn keine Umhüllungen verwandt werden, "blank" dem Einfluß des Sauerstoffs ausgesetzt. Der im letzteren Fall ungehindert eindiffundierende Sauerstoff ist mit Sicherheit die Ursache, daß in solchen Schweißnähten kein kompakter bzw. kugeliger Graphit beobachtet werden kann.

Es kann gesagt werden, daß Fluoridgemische sich im praktischen Betrieb zur Herstellung eines hochwertigen Gußeisens wesentlich besser eignen als oxydische Gemische.

Es soll im folgenden kurz eine thermodynamische Untersuchung einiger Reaktionsgemische mit der Reduktionskomponente Aluminium durchgeführt werden, wobei die Gleichgewichtskonstante Kp für einige Gemische in Abhängigkeit von der Temperatur verfolgt wird:

18) $$3\ CaF_2 + 2Al \longrightarrow 3Ca + 2AlF_3$$

$$Kp_{Ca} = \frac{p^3_{Ca} \cdot (AlF_3)^2}{[CaF_2]^3 \cdot [Al]^2}$$

19) $$3\ NaF + Al \longrightarrow 3\ Na + AlF_3$$

$$Kp_{Na} = \frac{p^3_{Na} \cdot (AlF_3)}{[NaF]^3 \cdot [Al]}$$

die Reaktionen sind mit nachstehender Oxydreaktion zu vergleichen:

20) $$MgO + C \longrightarrow Mg + CO$$

$$_1Kp_{Mg} = \frac{p_{Mg} \cdot p_{CO}}{[MgO] \cdot [C]}$$

Da das Magnesiumoxyd nur in geringen Mengen löslich, also konstant ist, kann es in die Gleichgewichtskonstante übernommen werden, so daß der Ausdruck resultiert:

21) $$Kp_{Mg} = \frac{p_{Mg} \cdot p_{CO}}{[C]}$$

Die Gleichgewichtskonstanten wurden nach der Methode von H. ULICH (14) errechnet, und zwar aus Umsatzwärme ΔQ der Reaktion beim absoluten Nullpunkt bzw. 18 °C, und die Werte durch Einbeziehung der Entropieänderung ΔS und der Änderung der spezifischen Wärmen $\sum c_p$ auf die entsprechenden angenommenen Behandlungstemperaturen bezogen. Da die spezifischen Wärmen der Reaktionsteilnehmer nicht für alle in Betracht kommenden Temperaturen bekannt waren, wurden sie durch einen Mittelwert ersetzt, so daß die errechneten Werte der 2. Ännäherung entsprechen.

22) $$\log Kp = -\frac{\Delta Q_{298}}{4{,}573 \cdot T} + \frac{\Delta S}{4{,}573} + \frac{a}{4{,}573} \cdot \left(\ln \frac{T}{298{,}15} + \frac{298{,}15}{T} - 1\right)$$

Die logarithmisch errechneten Gleichgewichtskonstanten sind in Abhängigkeit von der absoluten Temperatur aus Tabelle 5 ersichtlich (vgl. auch Abb. 25).

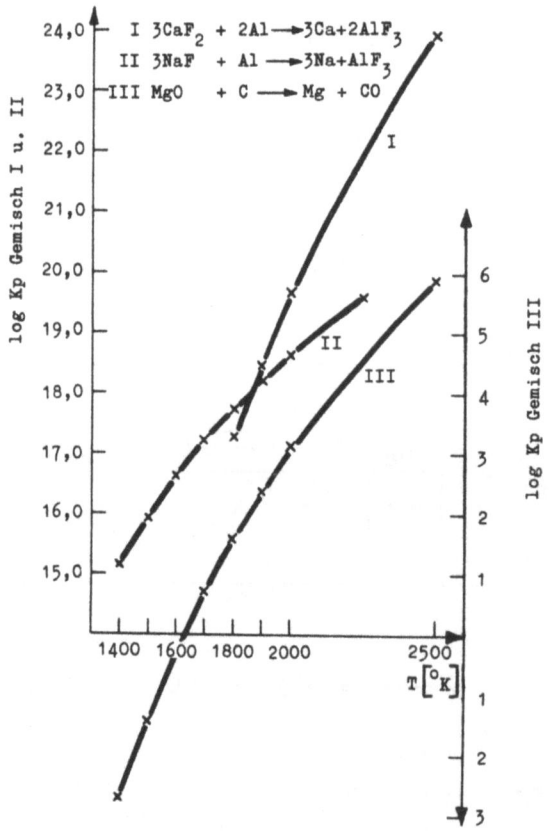

Abbildung 25

Gleichgewichtskonstanten verschied. Reaktionsgemische in Abhängigkeit v. d. Temperatur

Forschungsberichte des Wirtschafts- und Verkehrsministeriums Nordrhein-Westfalen

Tabelle 5

Reaktionsgemisch 18)		Reaktionsgemisch 19)		Reaktionsgemisch 20)	
Temp. °K	log Kp	Temp. °K	log Kp	Temp. °K	log Kp
1800	+ 17,2579	1400	+ 15,2052	1400	− 2,6915
1900	+ 18,5479	1500	+ 15,9870	1500	− 1,3996
2000	+ 19,7012	1600	+ 16,6685	1600	− 0,2944
2500	+ 24,0633	1700	+ 17,2659	1700	+ 0,7403
		1800	+ 17,7955	1800	+ 1,6344
		1900	+ 18,2653	1900	+ 2,4365
		2000	+ 18,6875	2000	+ 3,1592
				2500	+ 5,9217

VII. Die Anwendung metallischer Wirkstoffe zur weitgehenden Desoxydation und zum Zwecke einer kompakten Graphitausscheidung im Gußeisen

Das Metall Kalzium wurde bisher flüssigem Gußeisen entweder als reines Metall oder aber in Verbindung mit Magnesium und Silizium oder Silizium allein zugesetzt. Erinnert sei in diesem Zusammenhang an die Arbeiten von A. MEEHAN und O. SMALLEY (15).

In erneuten Versuchen sollte der Einfluß kalziumreicher Vorlegierungen untersucht werden. Von der Anwendung des Kalzium-Siliziums wurde abgesehen, weil diese Vorlegierung wenig geeignet erschien, unter normalen Bedingungen ein Gußeisen mit Kugelgraphit herzustellen. Es ist bekannt, daß bei der Anwendung einer Kalzium-Silizium-Vorlegierung zur Herstellung eines Gußeisens mit kompakter Graphitausbildung soviel von der Vorlegierung angewandt werden muß, daß gleichzeitig der Siliziumgehalt der Gußlegierung auf technisch nicht mehr vertretbare Gehalte ansteigt. Der Graphit liegt dann zwar in kompakter Form vor, aber die Legierung selbst ist durch den hohen Siliziumgehalt sehr spröde.

Die vorliegende Arbeit beschäftigte sich mit dem Zusatz des Elementes Kalzium in Form von Vorlegierung zum Gußeisen, wobei besonderer Wert darauf gelegt wurde, eine Vorlegierung zu schaffen, die gefahrlos in die zu behandelnde Schmelze eingebracht werden kann. Als Basismetalle wurden die Elemente Aluminium, Kupfer und Nickel gewählt. Obwohl nach verschiedenen Arbeiten aluminiumreiche Magnesiumlegierungen die Wirkung des Magnesiums hinsichtlich der Bildung von kompaktem oder Kugel-Graphit beeinträchtigen oder sogar völlig unterdrücken können, wurde in einer Legierung Aluminium als Basismetall genommen. Es ist nicht einzusehen, warum Aluminium die Kugelgraphitbildung stören soll, wenn nicht gleichzeitig mit dieser Zugabe größere Mengen an Sauerstoff in die Schmelze eingeschleppt werden. Die durchgeführten Untersuchungen bestätigten voll diese Annahme. So erbrachten z.B. Versuche mit einer Legierung von 40 - 50 % Kalzium und 50 bis 60 % Aluminium den erwarteten Erfolg der Graphitbeeinflussung. Es ließen sich mit Zusätzen von 1 - 3 % dieser Aluminium-Kalzium-Legierung Zugfestigkeiten bis zu 65 kg/mm^2 erzielen, wobei der Graphit in den Proben ausschließlich in kompakter Form vorlag (Abb. 26). Bei der Verwendung dieser Vorlegierung nimmt der Ferritanteil im Grundgefüge zu. Dieser Wirkung kann durch eine geringere Impfsiliziummenge begegnet werden.

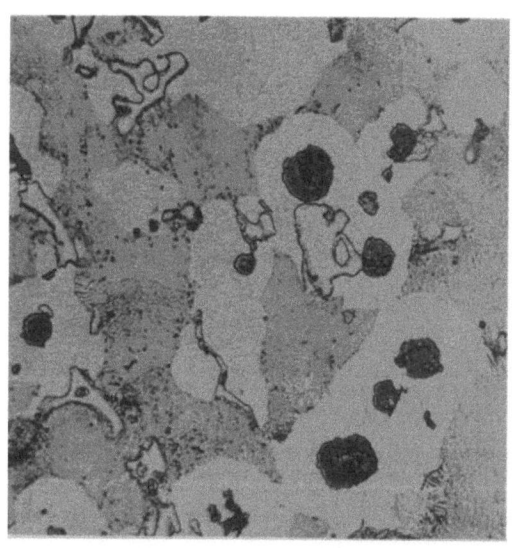

A b b i l d u n g 26
Kompakte Graphitausbildung mit ausgeprägten Ferrithöfen
(500-fach vergrößert)

Nach bisherigen Untersuchungen kommen für den aufgezeigten Zweck Kalzium-Aluminium-Legierungen mit etwa 8 - 80 % Kalzium, Rest Aluminium, in Frage. Die Anwesenheit von Nickel oder Kupfer hat sich nicht nur nicht nachteilig, sondern legierungstechnisch insofern vorteilhaft erwiesen, als das größere spezifische Gewicht dieser Nickel- bzw. Kupfer-haltigen Vorlegierung das Einlegieren des Kalziums im Gußeisen begünstigt und den Abbrand vermindert.

Durch Zusatz einer Kupfer-Kalzium-Legierung in Höhe von 0,25 bis 1,0 % konnten Gußeisenschmelzen zu einer weitgehend kompakten temperkohleartigen bis vollkommen kugelförmigen Graphitausbildung angeregt werden. Mit Hilfe dieser Vorlegierungen gelang es, genügende Mengen an Kalzium in die flüssige Gußeisenschmelze mit bestem Erfolg und immer wiederkehrender Treffsicherheit einzubringen. Noch in neuester Zeit haben der belgische Forscher A.L. De SY und seine Mitarbeiter R. COLLETT und J. VIDTS (16) festgestellt, daß Kalzium zwar ein die kompakte Graphitausbildung in Grauguß außerordentlich begünstigendes Element darstellt, daß es jedoch sehr schwierig ist, selbst kleinste Spuren von Kalzium in flüssiges Gußeisen einzuführen.

Am besten haben sich bisher Vorlegierungs-Zusammensetzungen bewährt, die bei etwa 20 bis 60 % Kalzium, Rest angegebene Basismetalle, lagen. Doch ist es ohne weiteres möglich, den Kalziumgehalt der Legierungen bis etwa 80 % zu steigern. Durch Verwendung derartiger Legierungen ist es möglich, die nötige Menge an Kalzium in eine Gußeisenschmelze gefahrlos einzubringen mit relativ geringem Abbrand und der vollen Wirkung des Kalzium-Zusatzes hinsichtlich Desoxydation und Entschwefelung.

Zur größeren Treffsicherheit solcher Behandlungen von Gußeisenschmelzen ist es ratsam, nach erfolgter Behandlung einen Cer-Zusatz von 0,05 bis 0,1 % zu geben, wie dies ja auch bei Behandlungen mit Magnesium mit Erfolg getan wird.

Die besten mechanischen Werte im gegossenen Zustand ergaben sich mit einer Kalzium-Kupfer-Vorlegierung. Die Zugfestigkeiten betrugen 75 kg/mm^2 bei Dehnungen bis etwa 4 %. Durch eine anschließende Glühbehandlung kann in bekannter Weise die Dehnung sowie die Schlagfestigkeit (naturgemäß auf Kosten der Zugfestigkeit) erhöht werden. Das nach diesem Verfahren hergestellte hochwertige Gußeisen weist eine gute Bearbeitbarkeit auf und liefert zusammenhängende Späne, wie die Abbildung 27 zeigt und wie dies vom Magnesium-behandelten Gußeisen her bekannt ist.

Der Zusatz der erwähnten Vorlegierungen erfolgt bei aluminiumhaltigen Legierungen bevorzugt in der Gießpfanne, bei aluminiumarmen oder aluminiumfreien kann der Zusatz der kalziumreichen Vorlegierung auch im Flamm-, Öl oder Elektroofen erfolgen. Im letzteren Fall muß allerdings die Ofenatmosphäre einige Zeit vor der Legierungszugabe reduzierend gehalten werden. Ein Abziehen der Ofenschlacke ist zur Verminderung der Abbrandver-

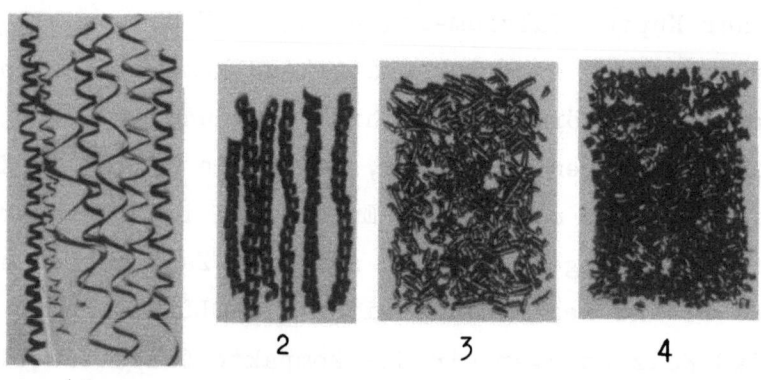

Abbildung 27

1 und 2 Drehspäne eines hochwertigen Gußeisens, behandelt mit Cu-Vorlegierung

3 gehobelte Späne eines hochwertigen Gußeisens

4 Späne von einem Grauguß, unbehandelt

luste empfehlenswert.

Es wurde bereits des öfteren darauf hingewiesen, daß die bei der Behandlung von Gußeisenschmelzen mit Elementen der Alkali- bzw. Erdalkalimetalle auftretende Dampfphase ein die Bildung von Kugelgraphit stark begünstigender Faktor ist, wenn man nicht von einer Notwendigkeit sprechen will. Bei der Behandlung von Gußeisenschmelzen mit den oben angeführten Vorlegierungen muß diesem Faktor Rechnung getragen werden. Der Siedepunkt des Metalls Kalzium liegt bei einer Temperatur von 1487 °C, d.h. daß bei einer Gußeisenbehandlung die Behandlungstemperaturen oberhalb 1487 °C zu wählen sind, wobei selbstverständlich eine höhere Temperatur angewandt werden muß, um eine genügend große Wärmemenge über die gesamte Behandlungszeit zur Verdampfung des Kalziums zur Verfügung zu haben.

Es wurden inzwischen Großversuche mit diesen Vorlegierungen in einer befreundeten Gießerei angesetzt, um die betrieblichen Bedingungen beim Einsatz dieser Legierungen zu klären. Die Versuche laufen zur Zeit und werden an einem Kupolofeneisen durchgeführt. Nach bisherigen Feststellungen scheinen sie erfolgreich zu sein. Die Ergebnisse werden veröffentlicht, sobald sie vorliegen und ausgewertet werden können.

Zusammenfassend kann gesagt werden, daß es möglich ist, ein Gußeisen mit Kugelgraphit und den damit verbundenen besseren mechanischen Eigenschaften mit Hilfe der angeführten Vorlegierungen herzustellen, wenn die entsprechenden Voraussetzungen erfüllt sind.

VIII. Zusammenfassung

Zahlreiche Versuche ergaben eine erhöhte Treffsicherheit bei der Herstellung eines hochwertigen Gußeisens. Sie zeigen die metallurgischen Maßnahmen, die zur Steigerung der mechanischen Eigenschaften von Grauguß ergriffen werden können unter dem Leitgedanken, den Sauerstoff- und Gasgehalt der Schmelzen möglichst gering zu halten.

Unter besonders günstigen Bedingungen konnten mit sehr hohen Schmelzüberhitzungen oberhalb 1600 °C sowohl beim sauren als auch beim basischen Arbeiten Graphitfeinungen bis zur kompakten Ausbildungsform bei Zugfestigkeiten von 65 kg/mm^2 erreicht werden. Die basische Arbeitsweise erwies sich dabei als günstiger.

Eine Schmelzreinigung bei normalen Temperaturen mit Spülgasen ist für den Graugießer ebenso interessant wie wirtschaftlich. Die Spülgasbehandlung bietet die Möglichkeit, Festigkeitssteigerungen von über 100 % gegenüber dem Ausgangsmaterial zu erreichen, wobei Bestwerte von 40 kg/mm^2 erreicht werden können. Die Anwendung eines Hochvakuums bietet die gleiche Möglichkeit und unter besonders günstigen Bedingungen lassen sich bei dieser Arbeitsweise Zugfestigkeiten bis zu 46 kg/mm^2 erzielen. Bei den metallographischen Untersuchungen lassen sich weitestgehende Graphitfeinungen beobachten und nicht selten können auch vereinzelte, gut ausgebildete Graphitkugeln beobachtet werden, deren Größe bei 6 bis 10 μ liegt. Mit zunehmender Spülgasbehandlungszeit wird eine starke Neigung der Schmelze zur karbidischen Erstarrung beobachtet, der leicht mit einer entsprechenden Impfsiliziummenge entgegengearbeitet werden kann. Reaktionsgemische bieten eine Möglichkeit, Gußeisen mit kompakter Graphitausbildung herzustellen. Dabei zeigt sich, daß Fluoridgemische wesentlich günstiger für die kugelige Graphitausbildung sind als oxydische Gemische. Die mechanischen Bestwerte erreichen 50 bis 60 kg/mm^2. Wenn mit den bisher angegebenen Arbeitsweisen nicht immer ausschließlich Kugelgraphit in den behandelten Proben erzielt werden konnte, so bieten sie doch die Möglichkeit, Festigkeitssteigerungen von über 100 % mit geringem wirtschaftlichem Aufwand zu erreichen.

Es wurden neue Vorlegierungen mit dem Element Kalzium und den Legierungskomponenten Aluminium, Kupfer und Nickel entwickelt. Durch Zugabe dieser Vorlegierungen in Gußeisenschmelzen wurde eine vollkommen kugelige

Graphitausscheidung bewirkt, wobei die Bestwerte für die Zugfestigkeit bei 72 kg/mm^2 lagen. Bei der Anwendung der genannten Vorlegierung müssen die Behandlungstemperaturen so gewählt werden, daß das Element Kalzium gasförmig in den Schmelzen auftritt, d.h. oberhalb 1487 °C.

      Prof. Dr.-Ing. Eugen PIWOWARSKY †, Aachen
      Dr.-Ing. Ernst Günther NICKEL, Hagen/Westf.
      Gießerei-Institut der Technischen Hochschule Aachen

IX. Literaturverzeichnis

(1) WEVER, F. und H. KOCH — Forsch.-Bericht Nr. 49 d. Wirtschafts- u. Verkehrsministeriums Nordrhein-Westf. (1953)

(2) SCHIFFERS, H. — bisher unveröffentlichte Habilitationsschrift, Technische Hochschule Aachen

(3) PIWOWARSKY, E. — Gießerei T.W.-Beihefte 3 (1950) S. 92; vgl. E. Piwowarsky: Hochwertiges Gußeisen Berlin, Springer-Verlag (1951) S. 211

(4) SCHENCK, H. — Physikalische Chemie der Eisenhüttenprozesse, Springer-Verlag, Berlin (1932), Bd. I, S. 29/30

(5) — Physikalische Chemie der Eisenhüttenprozesse, Springer-Verlag, Berlin (1932), Bd. I, S. 203

(6) PIWOWARSKY, E. — Gußeisen, Springer-Verlag, Berlin (1951) S. 332

(7) ADEY, C. — Dissertation T.H. Aachen (1948)

(8) GELLER, W. — Zur Theorie der Entgasung flüssiger Metallbäder durch Spülgase, Z. f. Metallkunde 35 (1943) S. 213/17; Gießerei T.W.-Beihefte 2 (1950) S. 57/63

(9) PATTERSON, W. — Gießerei, T.-W.-Beihefte 6/8 (1952) S. 355/78

(10) NIPPER, H.A. — s.E. PEWOWARSKY: Hochwertiges Gußeisen, Springer-Verlag, Berlin (1951) S. 1058

(11) MORROGH, H. und W.J. WILLIAMS — J. Iron Steel Inst. 155 (1947) S. 321/371

(12) MORROGH, H. — British Cast Iron Ass. (1952), H. 4. S. 292

(13) SCHNEIDER, A.   Zeitschrift f. Metallkunde 41 (1950),
                                       Heft 7, S. 205/212

(14) ULICH, H.   Lehrbuch der Physikalischen Chemie,
                                       Verlag Th. Steinkopf, Dresden (1940)

(15) MEEHAN   DRP Nr. 541291 bzw. 541296

(16) De SY, A.L., R. COLLETT und   Internationaler Gießereikongreß
     J. VIDTS   Brüssel (1951)

FORSCHUNGSBERICHTE
DES WIRTSCHAFTS- UND VERKEHRSMINISTERIUMS
NORDRHEIN-WESTFALEN

Herausgegeben von Staatssekretär Prof. Leo Brandt

HEFT 1
Prof. Dr.-Ing. E. Flegler, Aachen
Untersuchungen oxydischer Ferromagnet-Werkstoffe
1952, 20 Seiten, DM 6,75

HEFT 2
Prof. Dr. W. Fuchs, Aachen
Untersuchungen über absatzfreie Teeröle
1952, 32 Seiten, 5 Abb., 6 Tabellen, DM 10,—

HEFT 3
Techn.-Wissenschaftl. Büro für die Bastfaserindustrie, Bielefeld
Untersuchungsarbeiten zur Verbesserung des Leinenwebstuhls
1952, 44 Seiten, 7 Abb., 3 Tabellen, DM 12,50

HEFT 4
Prof. Dr. E. A. Müller und Dipl.-Ing. H. Spitzer, Dortmund
Untersuchungen über die Hitzebelastung in Hüttebetrieben
1952, 28 Seiten, 5 Abb., 1 Tabelle, DM 9,—

HEFT 5
Dipl.-Ing. W. Fister, Aachen
Prüfstand der Turbinenuntersuchungen
1952, 40 Seiten, 30 Abb., 3 Schaltbilder, DM 1,—

HEFT 6
Prof. Dr. W. Fuchs, Aachen
Untersuchungen über die Zusammensetzung und Verwendbarkeit von Schwelteerfraktionen
1952, 36 Seiten, DM 10.50

HEFT 7
Prof. Dr. W. Fuchs, Aachen
Untersuchungen über emsländisches Petrolatum
1952, 36 Seiten, 1 Abb., 17 Tabellen, DM 10,50

HEFT 8
M. E. Meffert und H. Stratmann, Essen
Algen-Großkulturen im Sommer 1951
1953, 52 Seiten, 4 Abb., 20 Tabellen, DM 9,75

HEFT 9
Techn.-Wissenschaftl. Büro für die Bastfaserindustrie, Bielefeld
Untersuchungen über die zweckmäßige Wicklungsart von Leinengarnkreuzspulen unter Berücksichtigung der Anwendung hoher Geschwindigkeiten des Garnes
Vorversuche für Zetteln und Schären von Leinengarnen auf Hochleistungsmaschinen
1952, 48 Seiten, 7 Abb., 7 Tabellen, DM 9,25

HEFT 10
Prof. Dr. W. Vogel, Köln
„Das Streifenpaar" als neues System zur mechanischen Vergrößerung kleiner Verschiebungen und seine technischen Anwendungsmöglichkeiten
1953, 20 Seiten, 6 Abb., DM 4,50

HEFT 11
Laboratorium für Werkzeugmaschinen und Betriebslehre, Technische Hochschule Aachen
1. Untersuchungen über Metallbearbeitung im Fräsvorgang mit Hartmetallwerkzeugen und negativen Spanwinkel
2. Weiterentwicklung des Schleifverfahrens für die Herstellung von Präzisionswerkstücken unter Vermeidung hoher Temperatur
3. Untersuchung von Oberflächenveredlungsverfahren zur Steigerung der Belastbarkeit hochbeanspruchter Bauteile
1953, 80 Seiten, 61 Abb., DM 15,75

HEFT 12
Elektrowärme-Institut, Langenberg (Rhld.)
Induktive Erwärmung mit Netzfrequenz
1952, 22 Seiten 6 Abb., DM 5,20

HEFT 13
Techn.-Wissenschaftl. Büro für die Bastfaserindustrie, Bielefeld
Das Naßspinnen von Bastfasergarnen mit chemischen Zusätzen zum Spinnbad
1953, 52 Seiten, 4 Abb., 19 Tabellen, DM 10,—

HEFT 14
Forschungsstelle für Acetylen, Dortmund
Untersuchungen über Aceton als Lösungsmittel für Acetylen
1952, 64 Seiten, 10 Abb., 26 Tabellen, DM 12,25

HEFT 15
Wäschereiforschung Krefeld
Trocknen von Wäschestoffen
1953, 48 Seiten, 14 Abb., 2 Tabellen, DM 9,—

HEFT 16
Max-Planck-Institut für Kohlenforschung, Mülheim a. d. Ruhr
Arbeiten des MPI für Kohlenforschung
1953, 104 Seiten, 9 Abb., DM 17,80

HEFT 17
Ingenieurbüro Herbert Stein, M.-Gladbach
Untersuchung der Verzugsvorgänge in den Streckwerken verschiedener Spinnereimaschinen. 1. Bericht: Vergleichende Prüfung mit verschiedenen Dickenmeßgeräten
1952, 36 Seiten, 15 Abb., DM 8,—

HEFT 18
Wäschereiforschung Krefeld
Grundlagen zur Erfassung der chemischen Schädigung beim Waschen
1953, 68 Seiten, 15 Abb., 15 Tabellen, DM 12,75

HEFT 19
Techn.-Wissenschaftl. Büro für die Bastfaserindustrie, Bielefeld
Die Auswirkung des Schlichtens von Leinengarnketten auf den Verarbeitungswirkungsgrad, sowie die Festigkeit und Dehnungsverhältnisse der Garne und Gewebe
1953, 48 Seiten, 1 Abb., 9 Tabellen, DM 9,—

HEFT 20
Techn.-Wissenschaftl. Büro für die Bastfaserindustrie, Bielefeld
Trocknung von Leinengarnen I
Vorgang und Einwirkung auf die Garnqualität
1953, 62 Seiten, 18 Abb., 5 Tabellen, DM 12,—

HEFT 21
Techn.-Wissenschaftl. Büro für die Bastfaserindustrie, Bielefeld
Trocknung von Leinengarnen II
Spulenanordnung und Luftführung beim Trocknen von Kreuzspulen
1953, 66 Seiten, 22 Abb., 9 Tabellen, DM 13,—

HEFT 22
Techn.-Wissenschaftl. Büro für die Bastfaserindustrie, Bielefeld
Die Reparaturanfälligkeit von Webstühlen
1953, 28 Seiten, 7 Abb., 5 Tabellen, DM 5,80

HEFT 23
Institut für Starkstromtechnik, Aachen
Rechnerische und experimentelle Untersuchungen zur Kenntnis der Metadyne als Umformer von konstanter Spannung auf konstanten Strom
1953, 52 Seiten, 20 Abb., 4 Tafeln, DM 9,75

HEFT 24
Institut für Starkstromtechnik, Aachen
Vergleich verschiedener Generator-Metadyne-Schaltungen in bezug auf statisches Verhalten
1952, 44 Seiten, 23 Abb., DM 8,50

HEFT 25
Gesellschaft für Kohlentechnik mbH., Dortmund-Eving
Struktur der Steinkohlen und Steinkohlen-Kokse
1953, 58 Seiten, DM 11,—

HEFT 26
Techn.-Wissenschaftl. Büro für die Bastfaserindustrie, Bielefeld
Vergleichende Untersuchungen zweier neuzeitlicher Ungleichmäßigkeitsprüfer für Bänder und Garne hinsichtlich ihrer Eignung für die Bastfaserspinnerei
1953, 64 Seiten, 30 Abb., DM 12,50

HEFT 27
Prof. Dr. E. Schratz, Münster
Untersuchungen zur Rentabilität des Arzneipflanzenanbaues Römische Kamille, Anthemis nobilis L.
1953, 16 Seiten, 1 Tabelle, DM 3,60

HEFT 28
Prof. Dr. E. Schratz, Münster
Calendula officinalis L. Studien zur Ernährung, Blütenfüllung und Rentabilität der Drogengewinnung
1953, 24 Seiten, 2 Abb., 3 Tabellen, DM 5,20

HEFT 29
Techn.-Wissenschaftl. Büro für die Bastfaserindustrie, Bielefeld
Die Ausnützung der Leinengarne in Geweben
1953, 100 Seiten, 14 Abb., 10 Tabellen, DM 17,80

HEFT 30
Gesellschaft für Kohlentechnik mbH., Dortmund-Eving
Kombinierte Entaschung und Verschwelung von Steinkohle; Aufarbeitung von Steinkohlenschlämmen zu verkokbarer oder verschwelbarer Kohle
1953, 56 Seiten, 16 Abb., 10 Tabellen, DM 10,50

HEFT 31
Dipl.-Ing. A. Stormanns, Essen
Messung des Leistungsbedarfs von Doppelsteg-Kettenförderern
1954, 54 Seiten, 18 Abb., 3 Anlagen, DM 11,—

HEFT 32
Techn.-Wissenschaftl. Büro für die Bastfaserindustrie, Bielefeld
Der Einfluß der Natriumchloridbleiche auf Qualität und Verwebbarkeit von Leinengarnen und die Eigenschaften der Leinengewebe unter besonderer Berücksichtigung des Einsatzes von Schützen- und Spulenwechselautomaten in der Leinenweberei
1953, 64 Seiten, 2 Abb., 12 Tabellen, DM 11,50

HEFT 33
Kohlenstoffbiologische Forschungsstation e. V.
Eine Methode zur Bestimmung von Schwefeldioxyd und Schwefelwasserstoff in Rauchgasen und in der Atmosphäre
1953, 32 Seiten, 8 Abb., 3 Tabellen, DM 6.50

HEFT 34
Textilforschungsanstalt Krefeld
Quellungs- und Entquellungsvorgänge bei Faserstoffen
1953, 52 Seiten, 13 Abb., 13 Tabellen, DM 9,80

WESTDEUTSCHER VERLAG · KÖLN UND OPLADEN

HEFT 35
Professor Dr. W. Kast, Krefeld
Feinstrukturuntersuchungen an künstlichen Zellulosefasern verschiedener Herstellungsverfahren.
Teil I: Der Orientierungszustand
1953, 74 Seiten, 30 Abb., 7 Tabellen, DM 13,80

HEFT 36
Forschungsinstitut der feuerfesten Industrie, Bonn
Untersuchungen über die Trocknung von Rohton
Untersuchungen über die chemische Reinigung von Silika- und Schamotte-Rohstoffen mit chlorhaltigen Gasen
1953, 60 Seiten, 5 Abb., 5 Tabellen, DM 11,—

HEFT 37
Forschungsinstitut der feuerfesten Industrie, Bonn
Untersuchungen über den Einfluß der Probenvorbereitung auf die Kaltdruckfestigkeit feuerfester Steine
1953, 40 Seiten, 2 Abb., 5 Tabellen, DM 7,80

HEFT 38
Forschungsstelle für Acetylen, Dortmund
Untersuchungen über die Trocknung von Acetylen zur Herstellung von Dissousgas
1953, 36 Seiten, 11 Abb., 3 Tabellen, DM 6,80

HEFT 39
Forschungsgesellschaft Blechverarbeitung e. V., Düsseldorf
Untersuchungen an prägegemusterten und vorgelochten Blechen
1953, 46 Seiten, 34 Abb., DM 9,50

HEFT 40
Landesgeologe Dr.-Ing. W. Wolff, Amt für Bodenforschung, Krefeld
Untersuchungen über die Anwendbarkeit geophysikalischer Verfahren zur Untersuchung von Spateisengängen im Siegerland
1953, 46 Seiten, 8 Abb., DM 8,80

HEFT 41
Techn.-Wissenschaftl. Büro für die Bastfaserindustrie, Bielefeld
Untersuchungsarbeiten zur Verbesserung des Leinenwebstuhles II
1953, 40 Seiten, 4 Abb., 5 Tabellen, DM 7,80

HEFT 42
Professor Dr. B. Helferich, Bonn
Untersuchungen über Wirkstoffe — Fermente — in der Kartoffel und die Möglichkeit ihrer Verwendung
1953, 58 Seiten, 9 Abb., DM 11,—

HEFT 43
Forschungsgesellschaft Blechverarbeitung e. V., Düsseldorf
Forschungsergebnisse über das Beizen von Blechen
1953, 48 Seiten, 38 Abb., 2 Tabellen, DM 11,30

HEFT 44
Arbeitsgemeinschaft für praktische Dehnungsmessung, Düsseldorf
Eigenschaften und Anwendungen von Dehnungsmeßstreifen
1953, 68 Seiten, 43 Abb., 2 Tabellen, DM 13,70

HEFT 45
Losenhausenwerk Düsseldorfer Maschinenbau AG., Düsseldorf
Untersuchungen von störenden Einflüssen auf die Lastgrenzenanzeige von Dauerschwingprüfmaschinen
1953, 36 Seiten, 11 Abb., 3 Tabellen, DM 7,25

HEFT 46
Prof. Dr. W. Fuchs, Aachen
Untersuchungen über die Aufbereitung von Wasser für die Dampferzeugung in Benson-Kesseln
1953, 58 Seiten, 18 Abb., 9 Tabellen, DM 11,20

HEFT 47
Prof. Dr.-Ing. K. Krekeler, Aachen
Versuche über die Anwendung der induktiven Erwärmung zum Sintern von hochschmelzenden Metallen sowie zur Anlegierung und Vergütung von aufgespritzten Metallschichten mit dem Grundwerkstoff
1954, 66 Seiten, 39 Abb., DM 13,90

HEFT 48
Max-Planck-Institut für Eisenforschung, Düsseldorf
Spektrochemische Analyse der Gefügebestandteile in Stählen nach ihrer Isolierung
1953, 38 Seiten, 8 Abb., 5 Tabellen, DM 7,80

HEFT 49
Max-Planck-Institut für Eisenforschung, Düsseldorf
Untersuchungen über Ablauf der Desoxydation und die Bildung von Einschlüssen in Stählen
1953, 52 Seiten, 19 Abb., 3 Tabellen, DM 12,40

HEFT 50
Max-Planck-Institut für Eisenforschung, Düsseldorf
Flammenspektralanalytische Untersuchung der Ferritzusammensetzung in Stählen
1953, 44 Seiten, 15 Abb., 4 Tabellen, DM 8,60

HEFT 51
Verein zur Förderung von Forschungs- und Entwicklungsarbeiten in der Werkzeugindustrie e. V., Remscheid
Untersuchungen an Kreissägeblättern für Holz, Fehler- und Spannungsprüfverfahren
1953, 50 Seiten, 23 Abb., DM 10,—

HEFT 52
Forschungsstelle für Acetylen, Dortmund
Untersuchungen über den Umsatz bei der explosiblen Zersetzung von Azetylen
a) Zersetzung von gasförmigem Azetylen
b) Zersetzung von an Silikagel adsorbiertem Azetylen
1954, 48 Seiten, 8 Abb., 10 Tabellen, DM 9,25

HEFT 53
Professor Dr.-Ing. H. Opitz, Aachen
Reibwert und Verschleißmessungen an Kunststoffgleitführungen für Werkzeugmaschinen
1954, 38 Seiten, 18 Abb., DM 8,20

HEFT 54
Professor Dr.-Ing. F. A. F. Schmidt, Aachen
Schaffung von Grundlagen für die Erhöhung der spez. Leistung und Herabsetzung des spez. Brennstoffverbrauches bei Ottomotoren mit Teilbericht über Arbeiten an einem neuen Einspritzverfahren
1954, 34 Seiten, 15 Abb., DM 7,40

HEFT 55
Forschungsgesellschaft Blechverarbeitung e. V. Düsseldorf
Chemisches Glänzen von Messing und Neusilber
1954, 50 Seiten, 21 Abb., 1 Tabelle, DM 10,20

HEFT 56
Forschungsgesellschaft Blechverarbeitung e. V., Düsseldorf
Untersuchungen über einige Probleme der Behandlung von Blechoberflächen
1954, 52 Seiten, 42 Abb., DM 11,20

HEFT 57
Prof. Dr.-Ing. F. A. F. Schmidt, Aachen
Untersuchungen zur Erforschung des Einflusses des chemischen Aufbaues des Kraftstoffes auf sein Verhalten im Motor und in Brennkammern von Gasturbinen
1954, 70 Seiten, 32 Abb., DM 14,60

HEFT 58
Gesellschaft für Kohlentechnik mbH., Dortmund
Herstellung und Untersuchung von Steinkohlenschwelteer
1954, 74 Seiten, 9 Abb., 9 Tabellen, DM 13,75

HEFT 59
Forschungsinstitut der Feuerfest-Industrie e. V., Bonn
Ein Schnellanalysenverfahren zur Bestimmung von Aluminiumoxyd, Eisenoxyd und Titanoxyd in feuerfestem Material mittels organischer Farbreagenzien auf photometrischem Wege
Untersuchungen des Alkali-Gehaltes feuerfester Stoffe mit dem Flammenphotometer nach Riehm-Lange
1954, 62 Seiten, 12 Abb., 3 Tabellen, DM 11,60

HEFT 60
Forschungsgesellschaft Blechverarbeitung e. V., Düsseldorf
Untersuchungen über das Spritzlackieren im elektrostatischen Hochspannungsfeld
1954, 82 Seiten, 53 Abb., 7 Tabellen, DM 17,—

HEFT 61
Verein zur Förderung von Forschungs- und Entwicklungsarbeiten in der Werkzeugindustrie e. V., Remscheid
Schwingungs- und Arbeitsverhalten von Kreissägeblättern für Holz
1954, 54 Seiten, 31 Abb., DM 11,40

HEFT 62
Professor Dr. W. Franz, Institut für theoretische Physik der Universität Münster
Berechnung des elektrischen Durchschlags durch feste und flüssige Isolatoren
1954, 36 Seiten, DM 7,—

HEFT 63
Textilforschungsanstalt Krefeld
Neue Methoden zur Untersuchung der Wirkungsweise von Textilhilfsmitteln
Untersuchungen über Schlichtungs- und Entschlichtungsvorgänge
1954, 34 Seiten, 1 Abb., 5 Tabellen, DM 6,80

HEFT 64
Textilforschungsanstalt Krefeld
Die Kettenlängenverteilung von hochpolymeren Faserstoffen
Über die fraktionierte Fällung von Polyamiden
1954, 44 Seiten, 13 Abb., DM 8,60

HEFT 65
Fachverband Schneidwarenindustrie, Solingen
Untersuchungen über das elektrolytische Polieren von Tafelmesserklingen aus rostfreiem Stahl
1954, 90 Seiten, 38 Abb., 9 Tabellen, DM 17,35

HEFT 66
Dr.-Ing. P. Füsgen VDI †, Düsseldorf
Untersuchungen über das Auftreten des Ratterns bei selbsthemmenden Schneckengetrieben und seine Verhütung
1954, 32 Seiten, 5 Abb., DM 6,60

HEFT 67
Heinrich Wösthoff o. H. G., Apparatebau, Bochum
Entwicklung einer chemisch-physikalischen Apparatur zur Bestimmung kleinster Kohlenoxyd-Konzentrationen
1954, 94 Seiten, 48 Abb., 2 Tabellen, DM 18,25

HEFT 68
Kohlenstoffbiologische Forschungsstation e. V., Essen
Algengroßkulturen im Sommer 1952
II. Über die unsterile Großkultur von Scenedesmus obliquus
1954, 62 Seiten, 3 Abb., 29 Tabellen, DM 11,40

HEFT 69
Wäschereiforschung Krefeld
Bestimmung des Faserabbaues bei Leinen unter besonderer Berücksichtigung der Leinengarnbleiche
1954, 48 Seiten, 15 Abb., 3 Tabellen, DM 9,60

HEFT 70
Wäschereiforschung Krefeld
Trocknen von Wäschestoffen
1954, 52 Seiten, 18 Abb., 3 Tabellen, DM 10,—

HEFT 71
Prof. Dr.-Ing. K. Leist, Aachen
Kleingasturbinen, insbesondere zum Fahrzeugantrieb
1954, 114 Seiten, 85 Abb., DM 22,—

HEFT 72
Prof. Dr.-Ing. K. Leist, Aachen
Beitrag zur Untersuchung von stehenden geraden Turbinengittern mit Hilfe von Druckverteilungsmessungen
1954, 152 Seiten, 111 Abb., DM 36,20

HEFT 73
Prof. Dr.-Ing. K. Leist, Aachen
Spannungsoptische Untersuchungen von Turbinenschaufelfüßen
1954, 66 Seiten, 46 Abb., 2 Tabellen, DM 14,60

HEFT 74
Max-Planck-Institut für Eisenforschung, Düsseldorf
Versuche zur Klärung des Umwandlungsverhaltens eines sonderkarbidbildenden Chromstahls
1954, 58 Seiten, 10 Abb., DM 14,—

HEFT 75
Max-Planck-Institut für Eisenforschung, Düsseldorf
Zeit-Temperatur-Umwandlungs-Schaubilder als Grundlage der Wärmebehandlung der Stähle
1954, 44 Seiten, 13 Abb., DM 8,70

HEFT 76
Max-Planck-Institut für Arbeitsphysiologie, Dortmund
Arbeitstechnische und arbeitsphysiologische Rationalisierung von Mauersteinen
1954, 52 Seiten, 12 Abb., 3 Tabellen, DM 10,20

HEFT 77
Meteor Apparatebau Paul Schmeck GmbH., Siegen
Entwicklung von Leuchtstoffröhren hoher Leistung
1954, 46 Seiten, 12 Abb., 2 Tabellen, DM 9,15

HEFT 78
Forschungsstelle für Acetylen, Dortmund
Über die Zustandsgleichung des gasförmigen Acetylens und das Gleichgewicht Acetylen — Aceton
1954, 42 Seiten, 3 Abb., 8 Tabellen, DM 8,—

HEFT 79
Techn.-Wissenschaftl. Büro für die Bastfaserindustrie, Bielefeld
Trocknung von Leinengarnen III
Spinnspulen- und Spinnkopftrocknung
Vorgang und Einwirkung auf die Garnqualität
1954, 74 Seiten, 18 Abb., 10 Tabellen, DM 14,—

WESTDEUTSCHER VERLAG · KÖLN UND OPLADEN

HEFT 80
Techn.-Wissenschaftl. Büro für die Bastfaserindustrie, Bielefeld
Die Verarbeitung von Leinengarn auf Webstühlen mit und ohne Oberbau
1954, 30 Seiten, 2 Abb., 2 Tabellen, DM 6,—

HEFT 81
Prüf- und Forschungsinstitut für Ziegeleierzeugnisse, Essen-Kray
Die Einführung des großformatigen Einheits-Gitterziegels im Lande Nordrhein-Westfalen
1954, 54 Seiten, 2 Abb., 2 Tabellen, DM 10,—

HEFT 82
Vereinigte Aluminium-Werke AG., Bonn
Forschungsarbeiten auf dem Gebiet der Veredelung von Aluminium-Oberflächen
1954, 46 Seiten, 34 Abb., DM 9,60

HEFT 83
Prof. Dr. S. Strugger, Münster
Über die Struktur der Proplastiden
1954, 30 Seiten, 15 Abb., DM 8,40

HEFT 84
Dr. H. Baron, Düsseldorf
Über Standardisierung von Wundtextilien
1954, 32 Seiten, DM 6,40

HEFT 85
Textilforschungsanstalt Krefeld
Physikalische Untersuchungen an Fasern, Fäden, Garnen und Geweben:
Untersuchungen am Knickscheuergerät nach Weltzien
1954, 40 Seiten, 11 Abb., 8 Tabellen, DM 10,—

HEFT 86
Prof. Dr.-Ing. H. Opitz, Aachen
Untersuchungen über das Fräsen von Baustahl sowie über den Einfluß des Gefüges auf die Zerspanbarkeit
1954, 108 Seiten, 73 Abb., 7 Tabellen, DM 22,—

HEFT 87
Gemeinschaftsausschuß Verzinken, Düsseldorf
Untersuchungen über Güte von Verzinkungen
1954, 68 Seiten, 56 Abb., 3 Tabellen, DM 15,30

HEFT 88
Gesellschaft für Kohlentechnik mbH., Dortmund-Eving
Oxydation von Steinkohle mit Salpetersäure
1954, 62 Seiten, 2 Abb., 1 Tabelle, DM 11,50

HEFT 89
*Verein Deutscher Ingenieure, Gleitlagerforschung, Düsseldorf
und Prof. Dr.-Ing. G. Vogelpohl, Göttingen*
Versuche mit Preßstoff-Lagern für Walzwerke
1954, 70 Seiten, 34 Abb., DM 14,10

HEFT 90
Forschungs-Institut der Feuerfest-Industrie, Bonn
Das Verhalten von Silikasteinen im Siemens-Martin-Ofengewölbe
1954, 62 Seiten, 15 Abb., 11 Tabellen, DM 11,90

HEFT 91
Forschungs-Institut der Feuerfest-Industrie, Bonn
Untersuchungen des Zusammenhangs zwischen Leistung und Kohlenverbrauch von Kammeröfen zum Brennen von feuerfesten Materialien
1954, 42 Seiten, 6 Abb., DM 8,30

HEFT 92
*Techn.-Wissenschaftl. Büro für die Bastfaserindustrie, Bielefeld
und Laboratorium für textile Meßtechnik, M.-Gladbach*
Messungen von Vorgängen am Webstuhl
1954, 76 Seiten, 45 Abb., DM 15,50

HEFT 93
Prof. Dr. W. Kast, Krefeld
Spinnversuche zur Strukturerfassung künstlicher Zellulosefasern
1954, 82 Seiten, 39 Abb., 6 Tabellen, DM 16,—

HEFT 94
Prof. Dr. G. Winter, Bonn
Die Heilpflanzen des MATTHIOLUS (1611) gegen Infektionen der Harnwege und Verunreinigung der Wunden bzw. zur Förderung der Wundheilung im Lichte der Antibiotikaforschung
1954, 58 Seiten, 1 Abb., 2 Tabellen, DM 11,50

HEFT 95
Prof. Dr. G. Winter, Bonn
Untersuchungen über die flüchtigen Antibiotika aus der Kapuziner- (Tropaeolum maius) und Gartenkresse (Lepidium sativum) und ihr Verhalten im menschlichen Körper bei Aufnahme von Kapuziner- bzw. Gartenkressensalat per os
1955, 74 Seiten, 9 Abb., 25 Tabellen, DM 14,—

HEFT 96
Dr.-Ing. P. Koch, Dortmund
Austritt von Exoelektronen aus Metalloberflächen unter Berücksichtigung der Verwendung des Effektes für die Materialprüfung
1954, 34 Seiten, 13 Abb., DM 7,—

HEFT 97
Ing. H. Stein, Laboratorium für textile Meßtechnik, M.-Gladbach
Untersuchung der Verzugsvorgänge an den Streckwerken verschiedener Spinnereimaschinen
2. Bericht: Ermittlung der Haft-Gleiteigenschaften von Faserbändern und Vorgarnen
1955, 98 Seiten, 54 Abb., DM 21,—

HEFT 98
Fachverband Gesenkschmieden, Hagen
Die Arbeitsgenauigkeit beim Gesenkschmieden unter Hämmern
1955, 132 Seiten, 55 Abb., 9 Tabellen, DM 24,75

HEFT 99
Prof. Dr.-Ing. G. Garbotz, Aachen
Der Kraft- und Arbeitsaufwand sowie die Leistungen beim Biegen von Bewehrungsstählen in Abhängigkeit von den Abmessungen, den Formen und der Güte der Stähle (Ermittlung von Leistungsrichtlinien)
1955, 136 Seiten, 53 Abb., 3 Anlagen, 18 Tabellen, DM 30,—

HEFT 100
Prof. Dr.-Ing. H. Opitz, Aachen
Untersuchungen von elektrischen Antrieben, Steuerungen und Regelungen an Werkzeugmaschinen
1955, 166 Seiten, 71 Abb., 3 Tabellen, DM 31,30

HEFT 101
Prof. Dr.-Ing. H. Opitz, Aachen
Wirtschaftlichkeitsbetrachtungen beim Außenrundschleifen
1955, 100 Seiten, 56 Abb., 3 Tabellen, DM 19,30

HEFT 102
Dr. P. Hölemann, Ing. R. Hasselmann und Ing. G. Dix, Dortmund
Untersuchungen über die thermische Zündung von explosiblen Acetylenzersetzungen in Kapillaren
1954, 44 Seiten, 5 Abb., 4 Tabellen, DM 8,60

HEFT 103
Prof. Dr. W. Weizel, Bonn
Durchführung von experimentellen Untersuchungen über den zeitlichen Ablauf von Funken in komprimierten Edelgasen sowie zu deren mathematischen Berechnung
1955, 46 Seiten, 12 Abb., DM 9,10

HEFT 104
Prof. Dr. W. Weizel, Bonn
Über den Einfluß der Elektroden auf die Eigenschaften von Cadmium-Sulfid-Widerstands-Photozellen
1955, 48 Seiten, 12 Abb., DM 9,45

HEFT 105
Dr.-Ing. R. Meldau, Harsewinkel/Westf.
Auswertung von Gekörn — Analysen des Musterstaubes „Flugasche Fortuna I"
1955, 42 Seiten, 14 Abb., DM 8,50

HEFT 106
ORR. Dr.-Ing. W. Küch, Dortmund
Untersuchungen über die Einwirkung von feuchtigkeitsgesättigter Luft auf die Festigkeit von Leimverbindungen
1954, 60 Seiten, 10 Abb., 6 Tabellen, DM 11,40

HEFT 107
Prof. Dr. H. Lange und Dipl.-Phys. P. St. Pütter, Köln
Über die Konstruktion von Laboratoriumsmagneten
1955, 66 Seiten, 19 Abb., 1 Tabelle, DM 12,30

HEFT 108
Prof. Dr. W. Fuchs, Aachen
Untersuchungen über neue Beizmethoden und Beizabwässer
I. Die Entzunderung von Drähten mit Natriumhydrid
II. Die Aufbereitung von Beizabwässern
1955, 82 Seiten, 15 Abb., 14 Tabellen, 1 Falttafel, DM 15,25

HEFT 109
Dr. P. Hölemann und Ing. R. Hasselmann, Dortmund
Untersuchungen über die Löslichkeit von Azetylen in verschiedenen organischen Lösungsmitteln
1954, 42 Seiten, 10 Abb., 8 Tabellen, DM 8,30

HEFT 110
Dr. P. Hölemann und Ing. R. Hasselmann, Dortmund
Untersuchungen über den Druckverlauf bei der explosiblen Zersetzung von gasförmigem Azetylen
1955, 54 Seiten, 10 Abb., 5 Tabellen, DM 11,—

HEFT 111
Fachverband Steinzeugindustrie, Köln
Die Entwicklung eines Gerätes zur Beschickung seitlicher Feuer von Steinzeug-Einzelkammeröfen mit festen Brennstoffen
1955, 46 Seiten, 16 Abb., DM 9,40

HEFT 112
Prof. Dr.-Ing. H. Opitz, Aachen
Verschleißmessungen beim Drehen mit aktivierten Hartmetallwerkzeugen
1954, 44 Seiten, 17 Abb., 6 Tabellen, DM 8,80

HEFT 113
Prof. Dr. O. Graf, Dortmund
Erforschung der geistigen Ermüdung und nervösen Belastung: Studien über die vegetative 24-Stunden-Rhythmik in Ruhe und unter Belastung
1955, 40 Seiten, 12 Abb., DM 8,20

HEFT 114
Prof. Dr. O. Graf, Dortmund
Studien über Fließarbeitsprobleme an einer praxisnahen Experimentieranlage
1954, 34 Seiten, 6 Abb., DM 7,—

HEFT 115
Prof. Dr. O. Graf, Dortmund
Studium über Arbeitspausen in Betrieben bei freier und zeitgebundener Arbeit (Fließarbeit) und ihre Auswirkung auf die Leistungsfähigkeit
1955, 50 Seiten, 13 Abb., 2 Tabellen, DM 9,80

HEFT 116
Prof. Dr.-Ing. E. Siebel und Dr.-Ing. H. Weiss, Stuttgart
Untersuchungen an einigen Problemen des Tiefziehens — I. Teil
1955, 74 Seiten, 50 Abb., 5 Tabellen, DM 14,50

HEFT 117
Dr.-Ing. H. Beißwänger, Stuttgart, und Dr.-Ing. S. Schwandt, Trier
Untersuchungen an einigen Problemen des Tiefziehens — II. Teil
1955, 92 Seiten, 34 Abb., 8 Tabellen, DM 17,70

HEFT 118
Prof. Dr. E. A. Müller und Dr. H. G. Wenzel, Dortmund
Neuartige Klima-Anlage zur Erzeugung ungleicher Luft- und Strahlungstemperaturen in einem Versuchsraum
1955, 68 Seiten, 10 z. T. mehrfarb. Abb., DM 14,—

HEFT 119
Dr.-Ing. O. Viertel, Krefeld
Wäscherei- und energietechnische Untersuchung einer Gemeinschafts-Waschanlage
1955, 50 Seiten, 18 Abb., DM 10,20

HEFT 120
Dipl.-Ing. A. Weisbecker, Lüdenscheid
Über Anfressung an Reinstaluminium-Schweißnähten bei der elektrolytischen Oxydation
Gebr. Hörstermann GmbH., Velbert
Entwicklung und Erprobung eines neuartigen Gummibandförderers
1955, 46 Seiten, 18 Abb., DM 9,70

HEFT 121
Dr. H. Krebs, Bonn
I. Die Struktur und die Eigenschaften der Halbmetalle
II. Die Bestimmung der Atomverteilung in amorphen Substanzen
III. Die chemische Bindung in anorganischen Festkörpern und das Entstehen metallischer Eigenschaften
1955, 124 Seiten, 36 Abb., 13 Tabellen, DM 22,90

HEFT 122
Prof. Dr. W. Fuchs, Aachen
Untersuchungen zur Verbesserung der Wasseraufbereitung und Wasseranalyse:
Über die Schnellbewertung von Ionenaustauscher
1955, 62 Seiten, 32 Abb., DM 12,30

HEFT 123
Dipl.-Ing. J. Emondts, Aachen
Über Bodenverformungen bei stark gestörtem und mächtigem, wasserführendem Deckgebirge im Aachener Steinkohlengebiet
1955, 196 Seiten, 37 Abb., 10 Tabellen, DM 28,80

HEFT 124
Prof. Dr. R. Seyffert, Köln
Wege und Kosten der Distribution der Hausratwaren im Lande Nordrhein-Westfalen
1955, 74 Seiten, 25 Tabellen, DM 9,—

WESTDEUTSCHER VERLAG · KÖLN UND OPLADEN

HEFT 125
Prof. Dr. E. Kappler, Münster
Eine neue Methode zur Bestimmung von Kondensations-Koeffizienten von Wasser
1955, 46 Seiten, 11 Abb., 1 Tabelle, DM 9,10

HEFT 126
Prof. Dr.-Ing. J. Mathieu, Aachen
Arbeitszeitvergleich
Grundlagen, Methodik und praktische Durchführung
1955, 70 Seiten, DM 13,—

HEFT 127
*Güteschutz Betonstein e. V.,
Arbeitskreis Nordrhein-Westfalen, Dortmund*
Die Betonwaren-Gütesicherung im Lande Nordrhein-Westfalen
1955, 58 Seiten, 15 Abb., 3 Tabellen, DM 11,50

HEFT 128
Prof. Dr. O. Schmitz-DuMont, Bonn
Untersuchungen über Reaktionen in flüssigem Ammoniak
1955, 96 Seiten, 11 Abb., 6 Tabellen, DM 17,75

HEFT 129
Prof. Dr.-Ing. J. Mathieu und Dr. C. A. Roos, Aachen
Die Anlernung von Industriearbeitern
I. Ergebnisse einer grundsätzlichen Untersuchung der gegenwärtigen Industriearbeiter-Kurzanlernung
1955, 106 Seiten, DM 19,70

HEFT 130
Prof. Dr.-Ing. J. Mathieu und Dr. C. A. Roos, Aachen
Die Anlernung von Industriearbeitern
II. Beiträge zur Methodenfrage der Kurzanlernung
1955, 108 Seiten, DM 19,90

HEFT 131
Dr. W. Hoerburger, Köln
Versuche zur Biosynthese von Eiweiß aus Kohlenwasserstoff
1955, 34 Seiten, 2 Abb., DM 6,90

HEFT 132
Prof. Dr. W. Seith, Münster
Über Diffusionserscheinungen in festen Metallen
1955, 42 Seiten, 19 Abb., 4 Tabellen, DM 9,10

HEFT 133
Prof. Dr. E. Jenckel, Aachen
Über einen für Schwermetalle selektiven Ionenaustauscher
1955, 48 Seiten, 8 Abb., 13 Tabellen, DM 9,50

HEFT 134
Prof. Dr.-Ing. H. Winterhager, Aachen
Über die elektrochemischen Grundlagen der Schmelzfluß-Elektrolyse von Bleisulfid in geschmolzenen Mischungen mit Bleichlorid
1955, 54 Seiten, 20 Abb., 5 Tabellen, DM 11,80

HEFT 135
Prof. Dr.-Ing. K. Krekeler und Dr.-Ing. H. Peukert, Aachen
Die Änderung der mechanischen Eigenschaften thermoplastischer Kunststoffe durch Warmrecken
1955, 54 Seiten, 27 Abb., DM 11,10

HEFT 136
Dipl.-Phys. P. Pilz, Remscheid
Über spezielle Probleme der Zerkleinerungstechnik von Weichstoffen
1955, 58 Seiten, 19 Abb., 2 Tabellen, DM 11,50

HEFT 137
Prof. Dr. W. Baumeister, Münster
Beiträge zur Mineralstoffernährung der Pflanzen
1955, 64 Seiten, 6 Tabellen, DM 11,80

HEFT 138
Dr. P. Hölemann und Ing. R. Hasselmann, Dortmund
Untersuchungen über die Zersetzungswärme von gasförmigem und in Azeton gelöstem Azetylen
1955, 54 Seiten, 8 Abb., 7 Tabellen, DM 10,40

HEFT 139
Prof. Dr. W. Fuchs, Aachen
Studien über die thermische Zersetzung der Kohle und die Kohlendestillatprodukte
1955, 64 Seiten, 20 Abb., 22 Tabellen, DM 11,80

HEFT 140
Dr.-Ing. G. Hausberg, Essen
Modellversuche an Zyklonen
1955, 78 Seiten, 24 Abb., DM 15,70

HEFT 141
Dr. J. van Calker und Dr. R. Wienecke, Münster
Untersuchungen über den Einfluß dritter Analysenpartner auf die spektrochemische Analyse
1955, 42 Seiten, 15 Abb., DM 9,10

HEFT 142
Dipl.-Ing. G. M. F. Wiebel, Hannover, A. Konermann und A. Ottenheym, Sennelager
Entwicklung eines Kalksandleichtsteines
1955, 38 Seiten, 4 Abb., DM 8,—

HEFT 143
Prof. Dr. F. Wever, Dr. A. Rose und Dipl.-Ing. W. Straßburg, Düsseldorf
Härtbarkeit und Umwandlungsverhalten der Stähle
1955, 50 Seiten, 12 Abb., 3 Tabellen, DM 10,70

HEFT 144
Prof. Dr. H. Wurmbach, Bonn
Steuerung von Wachstum und Formbildung
1955, 48 Seiten, 19 Abb., DM 10,30

HEFT 145
Dr. G. Hennemann, Werdohl (Westf.)
Beitrag zur Interpretation der modernen Atomphysik
1955, 34 Seiten, DM 10,—

HEFT 146
Dr.-Ing. F. Gruß, Düsseldorf
Sterilisation mit Heißluft
1955, 34 Seiten, 10 Abb., DM 7,70

HEFT 147
Dr.-Ing. W. Rudisch, Unna
Untersuchung einer drehelastischen Elektromagnet-Synchronkupplung
1955, 82 Seiten, 65 Abb., DM 17,70

HEFT 148
Prof. Dr. H. Bittel u. Dipl.-Phys. L. Storm, Münster
Untersuchungen über Widerstandsrauschen
1955, 40 Seiten, 5 Abb., DM 8,40

HEFT 149
Dipl.-Ing. K. Konopicky und Dipl.-Chem. P. Kampa, Bonn
I. Beitrag zur flammenphotometrischen Bestimmung des Calciums.
Dr.-Ing. K. Konopicky, Bonn
II. Die Wanderung von Schlackenbestandteilen in feuerfesten Baustoffen
1955, 54 Seiten, 10 Abb., 5 Tabellen, DM 11,—

HEFT 150
Prof. Dr.-Ing. O. Kienzle und Dipl.-Ing. W. Timmerbeil, Hannover
Das Durchziehen enger Kragen an ebenen Fein- und Mittelblechen
1955, 52 Seiten, 20 Abb., 8 Tabellen, DM 11,30

HEFT 151
Dipl.-Ing. P. Karabasch, Aachen
Feststellung des optimalen Gasgehaltes von Bronzen zur Erzielung druckdichter Gußstücke
1956, 64 Seiten, 31 Abb., 5 Tabellen, DM 13,90

HEFT 152
Dipl.-Ing. G. Müller, Köln
Ermittlung der Laufeigenschaften (Vergießbarkeit) von Bronze und Rotguß mittels der Schneider-Gießspirale
1955, 60 Seiten, 33 Abb., DM 13,30

HEFT 153
Prof. Dr. F. Wever, Dr.-Ing. W. A. Fischer und Dipl.-Ing. J. Engelbrecht, Düsseldorf
I. Die Reduktion sauerstoffhaltiger Eisenschmelzen im Hochvakuum mit Wasserstoff und Kohlenstoff
II. Einfluß geringer Sauerstoffgehalte auf das Gefüge und Alterungsverhalten von Reineisen
1955, 54 Seiten, 15 Abb., 2 Tabellen, DM 12,40

HEFT 154
Prof. Dr.-Ing. P. Bardenheuer und Dr.-Ing. W. A. Fischer, Düsseldorf
Die Verschlackung von Titan aus Stahlschmelzen im sauren und basischen Hochfrequenzofen unter verschiedenen Schlacken
1955, 36 Seiten, 10 Abb., 1 Tabelle, DM 7,95

HEFT 155
Dipl.-Phys. K. H. Schirmer, München
Die auf Grau abgestimmte Farbwiedergabe im Dreifarbenbuchdruck
1955, 46 Seiten, 17 Abb., 2 Farbtafeln, DM 10,—

HEFT 156
Prof. Dr.-Ing. B. von Borries und Mitarbeiter, Düsseldorf
Die Entwicklung regelbarer permanentmagnetischer Elektronenlinsen hoher Brechkraft und eines mit ihnen ausgerüsteten Elektronenmikroskopes neuer Bauart
1956, 102 Seiten, 52 Abb., DM 22,55

HEFT 157
Dr. W. Jawtusch, Dr. G. Schuster und Prof. Dr.-Ing. R. Jaeckel, Bonn
Untersuchungen über die Stoßvorgänge zwischen neutralen Atomen und Molekülen
1955, 48 Seiten, 15 Abb., 3 Tabellen, DM 10,50

HEFT 158
Dipl.-Ing. W. Rosenkranz, Meinerzhagen
Ein Beitrag zum Problem der Spannungskorrosion bei Preßprofilen und Preßteilen aus Aluminium-Legierungen
1956, 112 Seiten, 61 Abb., 5 Tabellen, DM 27,40

HEFT 159
Dr.-Ing. O. Viertel und O. Oldenroth, Krefeld
Das Bleichen von Weißwäsche mit Wasserstoffsuperoxyd bzw. Natriumhypochlorit beim maschinellen Waschen
1955, 54 Seiten, 23 Abb., 2 Tabellen, DM 11,45

HEFT 160
Prof. Dr. W. Klemm, Münster
Über neue Sauerstoff- und Fluor-haltige Komplexe
1955, 50 Seiten, 13 Abb., 7 Tabellen, DM 10,80

HEFT 161
Prof. Dr. W. Weltzien und Dr. G. Hauschild, Krefeld
Über Silikone und ihre Anwendung in der Textilveredlung
1955, 162 Seiten, 22 Abb., 10 Tabellen, DM 27,—

HEFT 162
Prof. Dr. F. Wever, Prof. Dr. A. Kochendörfer und Dr.-Ing. Chr. Rohrbach, Düsseldorf
Kennzeichnung der Sprödbruchneigung von Stählen durch Messung der Fließspannung, Reißspannung und Brucheinschnürung an dreiachsig beanspruchten Proben
1955, 58 Seiten, 26 Abb., DM 13,—

HEFT 163
Dipl.-Ing. W. Rohs und Text.-Ing. H. Griese, Bielefeld
Untersuchungsarbeiten zur Verbesserung des Leinenwebstuhls III
1955, 80 Seiten, 15 Abb., 18 Tabellen, DM 15,80

HEFT 164
Dr.-Ing. H. Schmachtenberg, Köln
Neuartige Prüfeinrichtungen für Kraftfahrzeuge
1955, 44 Seiten, 23 Abb., DM 9,60

HEFT 165
Dr.-Ing. W. Wilhelm, Aachen
Instationäre Gasströmung im Auspuffsystem eines Zweitaktmotors
1955, 62 Seiten, 31 Abb., 8 Tabellen, DM 13,60

HEFT 166
Prof. Dr. M. v. Stackelberg, Dr. H. Heindze, Dr. H. Hübschke und Dr. K. H. Frangen, Bonn
Kolloidchemische Untersuchungen
1955, 106 Seiten, 8 Abb., 13 Tabellen, DM 21,25

HEFT 167
Prof. Dr.-Ing. F. Schuster, Essen
I. Über die Heißkarburierung von Brenngasen mit Ölen und Teeren
II. Die Strahlungsvorgänge in brennstoffbeheizten Öfen bei verschiedenen Verbrennungsatmosphären
1955, 38 Seiten, 8 Abb., DM 8,30

HEFT 168
Prof. Dr.-Ing. F. Schuster, Essen
I. Luftvorwärmung an Gasfeuerungen
II. Heizwerthöhe von Brenngasen und Wirkungsgrad sowie Gasverbrauch bei der Gasverwendung
III. Sauerstoffangereicherte Luft und feuerungstechnische Kenngrößen von Brenngasen
1955, 60 Seiten, 18 Abb., DM 12,50

HEFT 169
Forschungsinstitut für Pigmente und Lacke, Stuttgart
Arbeiten über die Bestimmung des Gebrauchswertes von Lackfilmen durch physikalische Prüfungen
1955, 70 Seiten, 23 Abb., 4 Tabellen, DM 15,—

HEFT 170
Prof. Dr. F. Wever, Dr. A. Rose und Dipl.-Ing. L. Rademacher, Düsseldorf
Anwendung der Umwandlungsschaubilder auf Fragen der Werkstoffauswahl beim Schweißen und Flammhärten
1955, 64 Seiten, 25 Abb., DM 13,70

WESTDEUTSCHER VERLAG · KÖLN UND OPLADEN

HEFT 171
Wäschereiforschung Krefeld
Untersuchung der Wäscheentwässerung mit Hilfe von Zentrifugen und Pressen
1955, 42 Seiten, 16 Abb., 4 Tabellen, DM 9,70

HEFT 172
Dipl.-Ing. W. Rohs, Dr.-Ing. G. Satlow und Text.-Ing. G. Heller, Bielefeld
Trocknung von Hanfgarnen. Kreuzspultrocknung
1955, 60 Seiten, 7 Abb., 4 Tabellen, DM 10,30

HEFT 173
Prof. Dr. R. Hosemann und Dipl.-Phys. G. Schoknecht, Berlin, vorgelegt von Prof. Dr. W. Kast, Krefeld
Lichtoptische Herstellung und Diskussion der Faltungsquadrate parakristalliner Gitter
1956, 108 Seiten, 63 Abb., 6 Tabellen, DM 24,70

HEFT 174
Prof. Dr. W. von Fragstein, Dr. J. Meingast und H. Hoch, Köln
Herstellung von Solen einheitlicher Teilchengröße und Ermittlung ihrer optischen Eigenschaften
1955, 78 Seiten, 80 Abb., 4 Tabellen, DM 18,25

HEFT 175
Dr.-Ing. H. Zeller, Aachen
Beitrag zur eindimensionalen stationären und nichtstationären Gasströmung mit Reibung und Wärmeleitung insbesondere in Rohren mit unstetigen Querschnittsänderungen
1956, 138 Seiten, 56 Abb., DM 29,30

HEFT 176
Dipl.-Ing. H. Schöberl, Duisburg
Über die Methoden zur Ermittlung der Verbrennungstemperatur von Brennstoffen und ein Vorschlag zu ihrer Verbesserung
1955, 30 Seiten, 3 Abb., DM 6,50

HEFT 177
Dipl.-Ing. H. Stüdemann, Solingen, und Dr.-Ing. W. Müchler, Essen
Entwicklung eines Verfahrens zur zahlenmäßigen Bestimmung der Schneideigenschaften von Messerklingen
1956, 104 Seiten, 68 Abb., 4 Tabellen, DM 22,20

HEFT 178
Prof. Dr. M. von Stackelberg u. Dr. W. Hans, Bonn
Untersuchungen zur Ausarbeitung und Verbesserung von polarographischen Analysenmethoden
1955, 46 Seiten, 14 Abb., DM 10,50

HEFT 179
Dipl.-Ing. H. F. Reineke, Bochum
Entwicklungsarbeiten auf dem Gebiete der Meß- und Regeltechnik
1955, 46 Seiten, 10 Abb., DM 10,—

HEFT 180
Dr.-Ing. W. Piepenburg, Dipl.-Ing. B. Bühling und Bauing. J. Behnke, Köln
Putzarbeiten im Hochbau und Versuche mit aktiviertem Mörtel und mechanischem Mörtelauftrag
1955, 116 Seiten, 31 Abb., 68 Tabellen, DM 23,—

HEFT 181
Prof. Dr. W. Franz, Münster
Theorie der elektrischen Leitvorgänge in Halbleitern und isolierenden Festkörpern bei hohen elektrischen Feldern
1955, 28 Seiten, 2 Abb., 1 Tabelle, DM 6,20

HEFT 182
Dipl.-Ing. P. Schenk u. Dr. K. Osterloh, Düsseldorf
Katalytisch-thermische Spaltung von gasförmigen und flüssigen Kohlenwasserstoffen zur Spitzengaserzeugung
1955, 50 Seiten, 11 Abb., 11 Tabellen, DM 10,90

HEFT 183
Dr. W. Bornheim, Köln
Entwicklungsarbeiten an Flaschen- und Ampullen-Behandlungsmaschinen für die pharmazeutische Industrie
1956, 48 Seiten, 24 Abb., DM 11,70

HEFT 184
Dr.-Ing. E. Printz, Kettwig
Vollhydraulische Parallel-Kupplung für Ackerschlepper
1955, 32 Seiten, 4 Abb., DM 7,80

HEFT 185
Dipl.-Ing. W. Rohs und Text.-Ing. G. Heller, Bielefeld
Studien an einem neuzeitlichen Kreuzspultrockner für Bastfasergarne mit Wiederbefeuchtungszone
1955, 52 Seiten, 9 Abb., 3 Tabellen, DM 10,70

HEFT 186
Dr. E. Wedekind, Krefeld
Untersuchungen zur Arbeitsbestgestaltung bei der Fertigstellung von Oberhemden in gewerblichen Wäschereien
1955, 124 Seiten, 28 Abb., 6 Tabellen, 2 Falttaf., DM 12,—

HEFT 187
Dipl.-Ing. F. Göttgens, Essen
Über die Eigenarten der Bimetall-, Thermo- und Flammenionisationssicherungsmethode in ihrer Anwendung auf Zündsicherungen
1955, 40 Seiten, 6 Abb., 4 Tabellen, DM 8,40

HEFT 188
W. Kinnebrock, Langenberg (Rhld.)
Der Einfluß des Austausches gleicher Gaskochbrenner bzw. Gaskochbrennerteile auf den Wirkungsgrad und insbesondere auf den CO-Gehalt der Verbrennungsgase
1955, 42 Seiten, 7 Tabellen, DM 8,70

HEFT 189
Fa. E. Leybold's Nachfolger, Köln
I. Ausgewählte Kapitel aus der Vakuumtechnik
II. Zum Verlust anorganisch-nichtflüchtiger Substanzen während der Gefriertrocknung
1955, 52 Seiten, 16 Abb., 3 Tabellen, DM 11,20

HEFT 190
Prof. Dr. A. Neuhaus, Prof. Dr. O. Schmitz-DuMont und Dipl.-Chem. H. Reckhard, Bonn
Zur Kenntnis der Alkalititanate
1955, 60 Seiten, 13 Abb., 1 Tabelle, DM 12,20

HEFT 191
Dr. H. Söhngen, Darmstadt
Schwingungsverhalten eines Schaufelkranzes im Vakuum
1955, 36 Seiten, 7 Abb., DM 7,80

HEFT 192
Dipl.-Phys. E. M. Schneider, München
Kohlebogenlampen für Aufnahme und Kopie
1955, 48 Seiten, 21 Abb., 3 Tabellen, DM 10,60

HEFT 193
Prof. Dr. O. Schmitz-DuMont, Bonn
Untersuchungen über neue Pigmentfarbstoffe
1956, 50 Seiten, 16 Abb., 8 Tabellen, DM 11,20

HEFT 194
Dr. K. Hecht, Köln
Entwicklung neuartiger physikalischer Unterrichtsgeräte
1955, 42 Seiten, 16 Abb., DM 9,90

HEFT 195
Dr.-Ing. E. Rößger, Köln
Gedanken über einen neuen deutschen Luftverkehr
1955, 342 Seiten, 29 Abb., 122 Tabellen, DM 50,—

HEFT 196
Dipl.-Ing. W. Rohs, und Text.-Ing. H. Griese, Bielefeld
Auswirkungen von Garnfehlern bei der Verarbeitung von Leinengarnen
1955, 36 Seiten, 3 Abb., 6 Tabellen, DM 7,80

HEFT 197
Dr. E. Wedekind, Krefeld
Untersuchungen zur Bestimmung der optimalen Arbeitsplatzgröße bei Mehrstuhlarbeit in der Weberei
1955, 92 Seiten, 34 Abb., 2 Tabellen, DM 18,50

HEFT 198
Prof. Dr. J. Weissinger, Karlsruhe
Zur Aerodynamik des Ringflügels. Die Druckverteilung dünner, fast drehsymmetrischer Flügel in Unterschallströmung
1955, 42 Seiten, 5 Abb., DM 9,—

HEFT 199
Textilforschungsanstalt Krefeld
Die Messung von Gewebetemperaturen mittels Temperaturstrahlung
1955, 50 Seiten, 12 Abb., DM 10,90

HEFT 200
R. Seipenbusch, Langenberg (Rhld.)
Spitzengas durch Zusatz von Flüssiggas-Wassergas- und Flüssiggas-Generatorgas-Gemischen zu Stadtgas
1955, 48 Seiten, 21 Tabellen, DM 10,35

HEFT 201
Dr.-Ing. E. W. Pleines, Frankfurt/Main
Die Sicherheit im Luftverkehr
1956, 194 Seiten, 39 Abb., 19 Tabellen, DM 39,45

HEFT 202
Dipl.-Ing. D. Fiecke, Stuttgart/Zuffenhausen
Die Bestimmung der Flugzeugpolaren für Entwurfszwecke. I. Teil: Unterlagen
in Vorbereitung

HEFT 203
Dr. G. Wandel, Bonn
Uferbewachsung und Lebendverbauung an den Nordwestdeutschen Kanälen und ihren Zuflüssen sowie an der Ruhr
in Vorbereitung

HEFT 204
Dipl.-Ing. B. Naendorf, Langenberg (Rhld.)
Bestimmung der Brenneigenschaften und des Brennverhaltens verschiedener Gasarten und Einfluß verschiedener Düsengestaltung
1955, 32 Seiten, DM 7,10

HEFT 205
Dr. C. Schaarwächter, Düsseldorf
Über plastische Kupfer-Eisen-Phosphor-Legierungen
1956, 36 Seiten, 10 Abb., 10 Tabellen, DM 8,30

HEFT 206
Dr. P. Hölemann, Ing. R. Hasselmann und Ing. G. Dix, Dortmund
Untersuchungen über die Vorgänge bei der Zersetzung von in Azeton gelöstem Azetylen
1956, 74 Seiten, 7 Abb., 7 Tabellen, DM 15,55

HEFT 207
Prof. Dr.-Ing. H. Opitz, Dipl.-Ing. K. H. Fröhlich und Dipl.-Ing. H. Siebel, Aachen
Richtwerte für das Fräsen von unlegierten und legierten Baustählen mit Hartmetall. I. Teil
in Vorbereitung

HEFT 208
Prof. Dr.-Ing. H. Müller, Essen
Untersuchung von Elektrowärmegeräten für Laienbedienung hinsichtlich Sicherheit und Gebrauchsfähigkeit. I. Untersuchungen an Kochplatten
in Vorbereitung

HEFT 209
Dr. K. Bunge, Leverkusen
Materialabbau in Funkenentladungen. Untersuchungen an Zinkkathoden
1956, 54 Seiten, 10 Abb., 5 Tabellen, DM 11,40

HEFT 210
Dr. W. Porschen und Prof. Dr. W. Riezler, Bonn
Langlebige Alphaaktivitäten bei natürlichen Elementen
1955, 40 Seiten, 5 Abb., 4 Tabellen, DM 8,80

HEFT 211
Prof. Dipl.-Ing. W. Sturtzel und Dr.-Ing. W. Graff, Duisburg
Die Versuchsanstalt für Binnenschiffbau, Duisburg
1956, 48 Seiten, 22 Abb., DM 11,—

HEFT 212
Dipl.-Ing. H. Spodig, Selm
Untersuchung zur Anwendung der Dauermagnete in der Technik
1955, 44 Seiten, 25 Abb., DM 9,80

HEFT 213
Dipl.-Ing. K. F. Rittinghaus, Aachen
Zusammenstellung eines Meßwagens für Bau- und Raumakustik
in Vorbereitung

HEFT 214
Dr.-Ing. J. Endres, München
Berechnung der optimalen Leistungen, Kraftstoffverbräuche und Wirkungsgrade von Einkreis-Turbolader-Strahltriebwerken am Boden und in der Höhe bei Fluggeschwindigkeiten von 0—2000 km/h
1956, 72 Seiten, 18 Abb., 8 Tabellen, DM 15,40

HEFT 215
Prof. Dr.-Ing. H. Opitz und Dr.-Ing. G. Weber, Aachen
Einfluß der Wärmebehandlung von Baustählen auf Spanentstehung, Schnittkraft- und Standzeitverhalten
in Vorbereitung

HEFT 216
Dr. E. Kloth, Köln
Untersuchungen über die Ausbreitung kurzer Schallimpulse bei der Materialprüfung mit Ultraschall
1956, 90 Seiten, 60 Abb., 4 Tabellen, DM 19,40

HEFT 217
Rationalisierungskuratorium der Deutschen Wirtschaft (RKW), Frankfurt/Main
Typenvielzahl bei Haushaltgeräten und Möglichkeiten einer Beschränkung
1956, 328 Seiten, 2 Abb., 181 Tabellen, DM 49,50

HEFT 218
Dr. F. Keune, Aachen
Bericht über eine Theorie der Strömung um Rotationskörper ohne Anstellung bei Machzahl Eins
1955, 40 Seiten, 8 Abb., 5 Formelblätter, DM 8,80

HEFT 219
Prof. Dr. W. Fuchs, Aachen
Untersuchungen zur Holzabfallverwertung und zur Chemie des Lignins
1955, 54 Seiten, 11 Abb., 15 Tabellen, DM 11,40

WESTDEUTSCHER VERLAG · KÖLN UND OPLADEN

HEFT 220
Prof. Dr. W. Fuchs, Aachen
Die Entwicklung neuer Regel- und Kontroll-Apparate zur coulometrischen Analyse
1956, 76 Seiten, 17 Abb., 23 Tabellen, DM 15,50

HEFT 221
Dr. W. Meyer-Eppler, Bonn
Experimentelle Untersuchungen zum Mechanismus von Stimme und Gehör in der lautsprachlichen Kommunikation
1955, 56 Seiten, 24 Abb., DM 13,45

HEFT 222
Dr. L. Köllner, Münster, und Dipl.-Volkswirt M. Kaiser, Bochum
Die internationale Wettbewerbsfähigkeit der westdeutschen Wollindustrie
1956, 214 Seiten, DM 39,50

HEFT 223
Dr.-Ing. K. Alberti und Dr. F. Schwarz, Köln
Über das Problem Hartbrand - Weichbrand
1956, 54 Seiten, 25 Abb., 14 Tabellen, DM 12,10

HEFT 224
Dipl.-Ing. H. Stüdeman und Ing. R. Beu, Solingen
Verfahren zur Prüfung der Korrosionsbeständigkeit von Messerklingen aus rostfreiem Stahl
1956, 82 Seiten, 28 Abb., DM 16,90

HEFT 225
Dr.-Ing. E. Barz, Remscheid
Der Spannungszustand von Gattersägeblättern
in Vorbereitung

HEFT 226
Technisch-wissenschaftliches Büro für die Bastfaserindustrie, Bielefeld
Untersuchungen zur Verbesserung des Leinenwebstuhles IV
Die Wirkung verschiedener Kettbaumbremsen auf die Verwebung von Leinengarnen
1956, 64 Seiten, 9 Abb., 4 Tabellen, DM 13,50

HEFT 227
Prof. Dr. F. Wever, Düsseldorf und Dr. W. Wepner, Köln
Untersuchung der Alterungsneigung von weichen unlegierten Stählen durch Härteprüfung bei Temperaturen bis 300 Grad C
1956, 34 Seiten, 20 Abb., 3 Tabellen, DM 7,95

HEFT 228
Prof. Dr. F. Wever, Dr. W. Koch, Düsseldorf und Dr. B. A. Steinkopf, Dortmund
Spektrochemische Grundlagen der Analyse von Gemischen aus Kohlenmonoxyd, Wasserstoff und Stickstoff
in Vorbereitung

HEFT 229
Prof. Dr. F. Wever, Dr. W. Koch und Dr.-Ing. H. Malissa, Düsseldorf
Über die Anwendung disubstituierter Dithiocarbamate der analytischen Chemie
1956, 44 Seiten, 30 Abb., 5 Tabellen, DM 10,50

HEFT 230
Prof. Dr. F. Wever, Düsseldorf und Dr. W. Wepner, Köln
Bestimmung kleiner Kohlenstoffgehalte im Alpha-Eisen durch Dämpfungsmessung
1956, 34 Seiten, 5 Abb., 2 Tabellen, DM 7,70

HEFT 231
Dr.-Ing. W. Küch, Dortmund
Über die Wechselwirkung zwischen Holzschutzbehandlung und Verleimung
1956, 48 Seiten, 10 Abb., 8 Tabellen, DM 10,40

HEFT 232
Prof. Dr.-Ing. O. Kienzle, Hannover und Dr.-Ing. H. Münnich, Schweinfurt
Feststellung der Spannungen und Dehnungen und Bruchdrehzahlen der unter Fliehkraft und Bearbeitungskraft beanspruchten Schleifkörper
in Vorbereitung

HEFT 233
Dr. H. Haase, Hamburg
Infrarot-Bibliographie
1956, 90 Seiten, DM 17,80

HEFT 234
Dr.-Ing. K. G. Speith und Dr.-Ing. A. Bungeroth, Duisburg
Versuche zur Steigerung des Kokillen-Schluckvermögens beim Stranggießen von Stahl
1956, 26 Seiten, 5 Abb., DM 6,15

HEFT 235
Prof. Dr.-Ing. K. Leist und Dipl.-Ing. W. Dettmering, Aachen
Turbinenschaufeln aus Kunststoff für Kaltluftversuchsanlagen
1956, 46 Seiten, 43 Abb., 3 Tabellen, DM 12,30

HEFT 236
Dr.-Ing. O. Viertel und S. Lucas, Krefeld
Ergebnisse einer Hausfrauenbefragung über Wascheinrichtungen und Waschmethoden in städtischen Haushaltungen
1956, 34 Seiten, 4 Abb., DM 7,60

HEFT 237
Dr. P. Endler und Dr. H. Ludes, Köln
Bericht über eine Studienreise zur Orientierung der heutigen Behandlung der Lungentuberkulose in den Vereinigten Staaten von Nordamerika
1956, 32 Seiten, DM 7,10

HEFT 238
Institut für textile Meßtechnik, M.-Gladbach, e.V.
Untersuchung der Verzugsvorgänge an den Streckwerken verschiedener Spinnereimaschinen. 3. Bericht: Theoretische Betrachtungen über den Einfluß schlagender Zylinder und Druckrollen
in Vorbereitung

HEFT 239
Prof. Dr.-Ing. K. Leist und Dipl.-Ing. H. Scheele, Aachen und Dipl.-Ing. F. H. Flottmann, Herne
Versuche an einem neuartigen luftgekühlten Hochleistungs-Kolbenkompressor
in Vorbereitung

HEFT 240
Prof. Dr.-Ing. K. Leist und Dipl.-Ing. H. Scheele, Aachen
Temperaturmessungen an einem einstufigen luftgekühlten 4-Zylinder-Kolbenkompressor mit Kühlgebläse
in Vorbereitung

HEFT 241
Prof. Dr.-Ing. K. Leist und Dipl.-Ing. M. Pötke, Aachen
Leistungsversuche an einem Kühlluftgebläse
in Vorbereitung

HEFT 242
Prof. Dr.-Ing. K. Leist und Dipl.-Ing. K. Graf, Aachen
Straßenfahrzeuge mit Gasturbinenantrieb
in Vorbereitung

HEFT 243
Prof. Dr.-Ing. K. Leist und Dipl.-Ing. S. Förster, Aachen
Die französische Kleingasturbine Artouste – 1. Teil
in Vorbereitung

HEFT 244
Prof. Dr. F. Wever, Dr. W. Koch und Dr. S. Eckhard, Düsseldorf
Erfahrungen bei der spektrochemischen Analyse von Gefügebestandteilen des Stahles
1956, 32 Seiten, 8 Abb., 2 Tabellen, DM 7,80

HEFT 245
Prof. Dr.-Ing. K. Krekeler, Aachen
Das Verbinden von Metallen durch Kunstharzkleber. Teil I: Eigenschaften und Verwendung der Metallklebstoffe
1956, 48 Seiten, 8 Abb., DM 10,25

HEFT 246
Prof. Dr.-Ing. K. Krekeler, Aachen
Das Verbinden von Metallen durch Kunstharzkleber. Teil II: Untersuchungen an geklebten Leichtmetall-Verbindungen
in Vorbereitung

HEFT 247
Dr. H. Söhngen, Darmstadt
Strömung vor einem Überschall-Laufrad
1956, 26 Seiten, 4 Abb., DM 7,60

HEFT 248
Rheinische Aktiengesellschaft für Braunkohlenbergbau und Brikettfabrikation, Köln
Untersuchung der Bindemitteleigenschaften von Braunkohlenfilteraschen
in Vorbereitung

HEFT 249
Dr. M.-E. Meffert, Essen
Weitere Kulturversuche Scenedesmus obliquus
1956, 36 Seiten, 5 Abb., 10 Tabellen, DM 8,—

HEFT 250
Dr. F. Schwarz und Dr.-Ing. K. Alberti, Köln
Entwicklung von Untersuchungsverfahren zur Gütebeurteilung von Industriekalken*

HEFT 251
Prof. Dr. H. Bittel, Münster
Zur Statistik der ferromagnetischen Elementarvorgänge und ihren Einfluß auf das Barkhausenrauschen
in Vorbereitung

HEFT 252
Dipl.-Ing. H. Frings, Geilenkirchen
Die Wirkung abfallender Wetterführung auf Wettertemperatur, Grubengasgehalt und Staubbildung
in Vorbereitung

HEFT 253
Dipl.-Ing. S. Schirmanski, Berghausen
Stand und Auswertung der Forschungsarbeiten über Temperatur- und Feuchtigkeitsgrenzen bei der bergmännischen Arbeit
in Vorbereitung

HEFT 254
Prof. Dr. R. Danneel, Bonn
Quantitative Untersuchungen über die Entwicklung des Ehrlich-Ascitesturmos bei Inzuchtmäusen
in Vorbereitung

HEFT 255
Ing. B. v. Schlippe, Bad Nauheim
Strömung von Flüssigkeiten mit temperaturabhängiger Zähigkeit (Kühlung von Ölen)
1956, 54 Seiten, 12 Abb., 4 Tabellen, DM 11,70

HEFT 256
Prof. Dr. C. Schmieden und Dipl.-Math. K. H. Müller, Darmstadt
Die Strömung einer Quellstrecke im Halbraum – eine strenge Lösung der Navier-Stokes-Gleichungen
1956, 40 Seiten, 9 Abb., DM 8,80

HEFT 257
Prof. Dr. G. Lehmann und Dr. J. Tamm, Dortmund
Die Beeinflussung vegetativer Funktionen des Menschen durch Geräusche
in Vorbereitung

HEFT 258
Dr. H. Paul, Linz (Rhein) und Prof. Dr. O. Graf, Dortmund
Zur Frage der Unfälle im Bergbau
1956, 52 Seiten, 9 Abb., 22 Tabellen, DM 11,20

HEFT 259
Prof. Dr. W. Linke, Aachen
Strömungsvorgänge in künstlich belüfteten Räumen
1956, 52 Seiten, 37 Abb., 1 Tabelle, DM 11,80

HEFT 260
Prof. Dr. W. Kast, Freiburg (Br.), Prof. Dr. A. H. Stuart und Dipl.-Phys. H. G. Fendler, Hannover
Lichtzerstreuungsmessungen an Lösungen hochpolymerer Stoffe
in Vorbereitung

HEFT 261
Prof. Dr. W. Kast, Freiburg (Br.)
Feinstruktur-Untersuchungen an künstlichen Zellulosefasern verschiedener Herstellungsverfahren. Teil II: Der Kristallisationszustand
in Vorbereitung

HEFT 262
Dr.-Ing. W. Batel, Aachen
Untersuchungen zur Absiebung feuchter, feinkörniger Haufwerke und Schwingsieben
in Vorbereitung

HEFT 263
Prof. Dr. H. Lange und Dipl.-Phys. R. Kohlhaas, Köln
Über die Wärmeleitfähigkeit von Stählen bei hohen Temperaturen: Teil I: Literaturbericht
in Vorbereitung

HEFT 264
Prof. Dr. W. Weizel, Bonn
Durch schnelle Funkenzusammenbrüche ausgelöste Signale auf einer Leitung
1956, 26 Seiten, 4 Abb., 3 Tabellen, DM 6,10

HEFT 265
Prof. Dr. F. Micheel und Dr. R. Engel, Münster
Eine Apparatur zur elektrophoretischen Trennung von Stoffgemischen
in Vorbereitung

HEFT 266
Fliesen-Beratungsstelle Bad Godesberg-Mehlem
Güteeigenschaften keramischer Wand- und Bodenfliesen und deren Prüfmethoden
1956, 32 Seiten, DM 7,10

HEFT 267
Prof. Dr. W. Weizel und B. Brandt, Bonn
Zur Stabilität stromstarker Glimmentladungen
1956, 36 Seiten, 7 Abb., DM 8,40

HEFT 268
Prof. Dr.-Ing. G. Vogelpohl, Göttingen
Über die Tragfähigkeit von Gleitlagern und ihre Berechnung
in Vorbereitung

WESTDEUTSCHER VERLAG · KÖLN UND OPLADEN

HEFT 269
Markscheider R. Bals, Bochum
Eignung des Gebirgsankerausbaus zur Erleichterung des Streckenvortriebs im Steinkohlenbergbau
in Vorbereitung

HEFT 270
Dr. H. Krebs und Mitarbeiter, Bonn
Die Trennung von Racematen auf chromatographischem Wege
in Vorbereitung

HEFT 271
Prof. Dr.-Ing. H. Opitz und Dipl.-Ing. H. Axer, Aachen
Beeinflussung des Verschleißverhaltens bei spanenden Werkzeugen durch flüssige und gasförmige Kühlmittel und elektrische Maßnahmen
in Vorbereitung

HEFT 272
Prof. Dr. W. Fuchs und Dr. H. Dresia, Aachen
Untersuchungen über die Schnellverbrennung und Schnellvergasung fester Brennstoffe
in Vorbereitung

HEFT 273
Fa. K. W. Tacke G.m.b.H., Wuppertal-Barmen
Erfahrungen beim Verspinnen von Perlonfasern und bei der Herstellung von Trikotagen aus gesponnenem Perlon
in Vorbereitung

HEFT 274
Prof. Dr.-Ing. K. Krekeler und Dipl.-Ing. H. Verhoeven, Aachen
Qualitative Untersuchungen bei Verbindungsschweißungen mittels Lichtbogenschweißautomaten unter Verwendung von Blankdraht und Zugabe von ferromagnetischem Pulver als Umhüllung
in Vorbereitung

HEFT 275
Prof. Dr.-Ing. K. Krekeler und Dipl.-Ing. H. Verhoeven, Aachen
Qualitative Untersuchungen von Punktschweißverbindungen an Tiefzieh- und Aluminiumblechen, die nach dem Argonarc-Punktschweißverfahren hergestellt werden
in Vorbereitung

HEFT 276
Fa. E. Haage, Mülheim (Ruhr)
Entwicklungsarbeiten im Apparatebau für Laboratorien
in Vorbereitung

HEFT 277
Dr.-Ing. W. Müchler, Essen
Untersuchung und zahlenmäßige Bestimmung der Schneideigenschaften von Messern mit besonderer Berücksichtigung rostfreier Messerstähle
in Vorbereitung

HEFT 278
Dipl.-Ing. J. Stelter und Dipl.-Ing. H. Kickert, Aachen
I. Sichtbarmachung von Ultraschallfeldern unter Verwendung photographischer Emulsionsschichten
II. Methode zur Bestimmung der wirklichen Temperaturverhältnisse in Flüssigkeiten während der Beschallung (Nach einer Diplom-Arbeit von H. Schnitzler)
in Vorbereitung

HEFT 279
Dr. F. Keune, Aachen
Der gewölbte und verwundene Tragflügel ohne Dicke in Schallnähe
in Vorbereitung

HEFT 280
Dipl.-Ing. J. Stelter und Dipl.-Ing. E. Pfende, Aachen
Über Störerscheinungen bei Schallgeschwindigkeitsmessungen mittels der Interferometermethode
in Vorbereitung

HEFT 281
Prof. Dr.-Ing. K. Lürenbaum, Aachen
Der Meßwagen des Instituts für Maschinen-Dynamik der Deutschen Versuchsanstalt für Luftfahrt, Aachen
in Vorbereitung

HEFT 282
Bergrat a. D. Scherer, Bochum
Das B.T.-Schwelverfahren und seine Anwendung auf der Anlage Marienau
in Vorbereitung

HEFT 283
Prof. Dr. F. Wever und Dr.-Ing. W. Lueg, Düsseldorf
Warmstauchversuche zur Ermittlung der Formänderungsfestigkeit von Gesenkschmiede-Stählen
in Vorbereitung

HEFT 284
Prof. Dr. F. Wever, Düsseldorf, Dr.-Ing. H. J. Wiester, Essen, Dr.-Ing. F. W. Straßburg, Duisburg, Prof. Dr.-Ing. H. Opitz, Aachen, und Dr.-Ing. K. H. Fröhlich, Köln
Einfluß des Gefüges auf die Zerspanbarkeit von Einsatz- und Vergütungsstählen
in Vorbereitung

HEFT 285
Prof. Dr.-Ing. O. Kienzle, Dr.-Ing. K. Lange, Hannover, und Dipl.-Ing. H. Meinert, Osterode
Einfluß der Oberfläche auf das Verschleißverhalten von Schmiedegesenken
in Vorbereitung

HEFT 286
Dr.-Ing. K. Lange, Hannover, Dipl.-Ing. H. Meinert, Osterode, unter Mitarbeit von Dr.-Ing. H. Arend, Mülheim (Ruhr)
Verschleißverhalten hartverchromter Schmiedegesenke
in Vorbereitung

HEFT 287
Prof. Dr.-Ing. K. Krekeler, Aachen
Änderungen der mechanischen Eigenschaftswerte thermoplastischer Kunststoffe bei Beanspruchung in verschiedenen Medien
in Vorbereitung

HEFT 288
Dr. K. Brücker-Steinkuhl, Düsseldorf
Anwendung mathematisch-statistischer Verfahren in der Industrie
in Vorbereitung

HEFT 289
Prof. Dr.-Ing. H. Winterhager, Aachen
Kombinierter Widerstands- und Lichtbogen-Vakuumofen zur Verarbeitung von Titanschwamm
Prof. Dr. Dr. h. c. R. Schwarz, Aachen
Erforschung neuer Wege zur Darstellung von Titanmetall
in Vorbereitung

HEFT 290
Dr. D. Horstmann, Düsseldorf
I. Der verstärkte Angriff des Zinks auf Eisen im Temperaturgebiet um 500° C
II. Einfluß eines Antimongehaltes auf den Angriff von Zinkschmelzen auf Eisen
in Vorbereitung

HEFT 291
Dr.-Ing. H. J. Wiester und Dr. D. Horstmann, Düsseldorf
Der Angriff eisengesättigter Zinkschmelzen auf silizium- und manganhaltiges Eisen
in Vorbereitung

HEFT 292
Dipl.-Ing. W. Rohs und Text.-Ing. H. Griese, Bielefeld
Webversuche an Leinenwebstühlen mit verbesserter Schaftbewegung
in Vorbereitung

HEFT 293
Prof. J. W. Korte, unter Mitarbeit von Dipl.-Ing. P. A. Mäcke und Dipl.-Ing. W. Leutzbach, Aachen
Die Leistungsfähigkeit von Verkehrsanlagen des motorisierten städtischen Straßenverkehrs
in Vorbereitung

HEFT 294
Dipl.-Ing. B. Naendorf, Essen
Untersuchungen industrieller Gasbrenner
in Vorbereitung

HEFT 295
Prof. Dr.-Ing. H. Opitz und Dipl.-Ing. H. Axer, Aachen
Untersuchung und Weiterentwicklung neuartiger elektrischer Bearbeitungsverfahren
in Vorbereitung

HEFT 296
Prof. Dr.-Ing. H. Opitz, Aachen
I. Untersuchungen an elektronischen Regelantrieben
II. Statistische Untersuchungen zur Ausnutzung von Drehbänken
in Vorbereitung

HEFT 297
Dr. K. Schaarwächter, Düsseldorf
Die Reduktion von Siliziumtetrachlorid im Lichtbogen zur nachfolgenden Silizierung von Eisenblechen
in Vorbereitung

HEFT 298
Prof. Dr.-Ing. E. Oehler, Aachen
Untersuchung von kritischen Drehzahlen, die durch Kreiselmomente verursacht werden
in Vorbereitung

HEFT 299
Dr. J. Fassbender und W. Hoppe, Bonn
Eine photoelektrische Nachlaufeinrichtung für Analogie-Rechenmaschinen
in Vorbereitung

HEFT 300
Prof. Dr. E. Schütz und Privatdozent Dr. H. Caspers, Münster
Tierexperimentelle Untersuchungen über die Alkoholwirkungen auf Erregbarkeit und bioelektrische Spontanaktivität der Hirnrinde
in Vorbereitung

HEFT 301
Prof. Dr. W. Weltzien, Dr. G. Cossmann und P. Diehl, Krefeld
Über die fraktionierte Füllung von Polyamiden (II)
in Vorbereitung

HEFT 302
Prof. Dr.-Ing. W. Wegener und Dipl.-Ing. Willi Zahn, Aachen
Untersuchungen von gesponnenen Garnen auf ihre Gleichmäßigkeit nach verschiedenen Meßmethoden
in Vorbereitung

HEFT 303
Prof. Dr.-Ing. S. Kiesskalt, Aachen
Das Institut der Forschungsgesellschaft Verfahrenstechnik e. V. an der Technischen Hochschule Aachen
in Vorbereitung

HEFT 304
Prof. Dr.-Ing. K. Krekeler, Düsseldorf, und Dipl.-Ing. A. Kleine-Albers, Aachen
Beitrag zur thermoelastischen Warmformbarkeit von Hart PVC
in Vorbereitung

HEFT 305
Prof. Dr.-Ing. K. Krekeler, Düsseldorf, Dr.-Ing. H. Peukert, Aachen, und Dipl.-Ing. W. Schmitz, Siegburg
Heißgas-Schweißung von Hart-Polyvinylchlorid mit Zusatzwerkstoff
in Vorbereitung

HEFT 306
Prof. Dr. B. Rensch, Münster
Elektrophysiologische Untersuchungen zur Analysierung der Bildung von Assoziationen und Gedächtnisspuren in Gehirn und Rückenmark
Prof. Dr. A. Loeser, Münster
Akute und chronische Giftwirkungen sauerstoffhaltiger Lösungsmittel
in Vorbereitung

HEFT 307
Privatdozent Dr. J. Juilfs, Krefeld
Vergleichende Untersuchungen zur elastischen und bleibenden Dehnung von Fasern
in Vorbereitung

HEFT 308
Privatdozent Dr. J. Juilfs, Krefeld
Zur Messung der Fadenglätte
in Vorbereitung

HEFT 309
Prof. Dr. K. Cruse und Mitarbeiter, Clausthal-Zellerfeld
Aufbau und Arbeitsweise eines universell verwendbaren Hochfrequenz-Titrationsgerätes
in Vorbereitung

HEFT 310
Dr. P. F. Müller, Bonn
Die Integrieranlage des Rheinisch-Westfälischen Instituts für Instrumentelle Mathematik in Bonn
in Vorbereitung

HEFT 311
Prof. Dr. F. Wever und Dr. M. Hempel, Düsseldorf
Dauerschwingfestigkeit von Stählen bei erhöhten Temperaturen
Teil I: Erkenntnisse aus bisherigen Dauerschwingversuchen in der Wärme
in Vorbereitung

HEFT 312
Prof. Dr. F. Wever und Dr. M. Hempel, Düsseldorf
Dauerschwingfestigkeit von Stählen bei erhöhten Temperaturen
Teil II: Zug-Druck-Dauerschwingversuche an zwei warmfesten Stählen bei Temperaturen von 500 bis 650°
in Vorbereitung

HEFT 313
Prof. Dr. F. Wever, Dr. W. Koch und Dipl.-Phys. H. Rohde, Düsseldorf
Änderungen des Habitus und der Gitterkonstanten des Zementits in Chromstählen bei verschiedenen Wärmebehandlungen
in Vorbereitung

WESTDEUTSCHER VERLAG · KÖLN UND OPLADEN

HEFT 314
Prof. Dr. F. Wever und Dr.-Ing. A. Krisch, Düsseldorf, und Dr.-Ing. H.-J. Wiester, Essen
Veränderungen im Gefügeaufbau von Chrom-Nickel-Molybdän-Stählen bei langzeitiger Beanspruchung im Zeitstandversuch bei 500°
in Vorbereitung

HEFT 315
Prof. Dr. F. Wever und Dr.-Ing. A. Krisch, Düsseldorf
Metallkundliche Untersuchungen an Zeitstandproben
in Vorbereitung

HEFT 316
Dr. F. Keune, Aachen
Zusammenfassende Darstellung und Erweiterung des Aequivalenzsatzes für schallnahe Strömung
in Vorbereitung

HEFT 317
Dr.-Ing. J. Stelter, Aachen
Mikrobiologische Ultraschallwirkungen
in Vorbereitung

HEFT 318
Dipl.-Ing. H. Kickert, Aachen
Über die Ausbreitung von Ultraschall in Luft
in Vorbereitung

HEFT 319
Prof. Dr. C. Kröger, Aachen
Gemengereaktionen und Glasschmelze
in Vorbereitung

HEFT 320
Dr. H.-E. Caspary, Köln
Verwendung von Szintillationszählern anstelle von Zählrohren zur zerstörungsfreien Materialprüfung
in Vorbereitung

HEFT 321
Prof. Dr. F. Wever, Düsseldorf und Dr. W. Wepner, Köln
Gleichzeitige Bestimmung kleiner Kohlenstoff- und Stickstoffgehalte im α-Eisen durch Dämpfungsmessung
in Vorbereitung

HEFT 322
Prof. Dr.-Ing. F. Bollenrath und Dipl.-Ing. W. Domke, Aachen
Eigenspannungen in vergüteten, dickwandigen Stahlzylindern nach Oberflächenhärtung mit induktiver Erwärmung
in Vorbereitung

HEFT 323
Prof. Dr. R. Seyffert, Köln
Wege und Kosten der Distribution der Textilien, Schuh- und Lederwaren
in Vorbereitung

HEFT 324
Prof. Dr.-Ing. H. Opitz, Dr.-Ing. E. Saljé und Dipl.-Ing. K. E. Schwartz, Aachen
Richtwerte für das Außenrund-Längs- und Einstechschleifen
in Vorbereitung

HEFT 325
Prof. Dr. E. Schratz, Münster
Pharmakognostische Untersuchungen am Medizinal-Rhabarber
in Vorbereitung

HEFT 326
Prof. Dr.-Ing. E. Essers und Mitarbeiter, Aachen
Deichselkräfte an Lastzügen
in Vorbereitung

HEFT 327
Prof. Dr.-Ing. K. Krekeler und Dr.-Ing. H. Peukert, Aachen
Beitrag zur thermoelastischen Formbarkeit von Polyäthylen
in Vorbereitung

HEFT 328
Dr. H. Maeder, Belo Horizonte
Schweißen von Temperguß
in Vorbereitung

HEFT 329
Dipl.-Ing. A. Krüger, Karlsruhe, und Feuerwehr-Ing. R. Radusch, Dortmund
Wasserzerstäubung im Strahlrohr
in Vorbereitung

HEFT 330
Dipl.-Physiker E. Pepping, Aachen
Die Durchflußzahl des Rechteckschlitzes in einer sehr großen Wand
in Vorbereitung

HEFT 331
Dipl.-Ing. G. Bretschneider, Ruit
Die Messung der wiederkehrenden Spannung mit Hilfe des Netzmodelles
in Vorbereitung

HEFT 332
Prof. Dr.-Ing. R. Jaeckel und Dr. G. Reich, Bonn
Messung von Dampfdrucken im Gebiet unter 10^{-2} Torr
in Vorbereitung

HEFT 333
Prof. Dipl.-Ing. W. Sturtzel und Dr.-Ing. W. Graff, Duisburg
I. Der Flachwassereinfluß auf den Form- und Reibungswiderstand von Binnenschiffen
II. Der Flachwassereinfluß auf die Nachstrom- und Sogverhältnisse bei Binnenschiffen
in Vorbereitung

HEFT 334
Prof. Dr. W. Weizel und Dr. G. Meister, Bonn
Spektralanalyse durch Messung des Interferenz-Kontrasts
in Vorbereitung

HEFT 335
Prof. Dr. W. Weizel und H. Hornberg, Bonn
Untersuchungen der anodischen Teile einer Glimmentladung
in Vorbereitung

HEFT 336
Dr. Tung-ping Yao, Aachen
Die Viskosität metallischer Schmelzen
in Vorbereitung

HEFT 337
Dr. R. Hoeppener und Dr. W. Bierther, Bonn
Tektonik und Lagerstätten im Rheinischen Schiefergebirge
in Vorbereitung

HEFT 338
Prof. Dr.-Ing. W. Wegener, Aachen, und Dipl.-Ing. J. Schneider, M.-Gladbach
Die Bedeutung der Knotenart für die Herabminderung der Fadenbrüche
in Vorbereitung

HEFT 339
Prof. Dr.-Ing. W. Wegener und Dipl.-Ing. W. Zahn, Aachen
Vergleich des normalen mit verschiedenen abgekürzten Baumwollspinnverfahren in bezug auf Gleichmäßigkeit und Sortierungsstreuung der Garne
in Vorbereitung

HEFT 340
Dipl.-Ing. W. Rohs und Dipl.-Ing. R. Otto, Bielefeld
Das Naßspinnen von Bastfasergarnen mit Spinnbadzusätzen unter Ausnutzung einer zentralen Spinnwasserversorgungsanlage
in Vorbereitung

HEFT 341
Prof. Dr.-Ing. H. Winterhager und Dipl.-Ing. L. Werner, Aachen
Präzisions-Meßverfahren zur Bestimmung des elektrischen Leitvermögens geschmolzener Salze
in Vorbereitung

HEFT 342
Prof. Dr.-Ing. H. Winterhager und Dipl.-Ing. W. Barthel, Aachen
Die Gewinnung von Titanschlackenkonzentraten aus eisenreichen Ilemniten
in Vorbereitung

HEFT 343
Prof. Dr.-Ing. W. Petersen, Aachen, und Dipl.-Ing. S. Wawroschek, Aachen
Die zweckmäßigsten Gütebestimmungsverfahren und Brikettierungsbedingungen bei der Erzeugung von Braunkohlen-Eisenerz-Briketts
in Vorbereitung

HEFT 344
Prof. Dr.-Ing. W. Fucks, Aachen
Zur Deutung einfachster mathematischer Sprachcharakteristiken
in Vorbereitung

HEFT 345
Dipl.-Ing. G. Cerbe und Dipl.-Ing. H. Monstadt, Essen
Konvektive Trocknung mit gasbeheizter Luft und Trocknung durch Gasstrahler
in Vorbereitung

HEFT 346
Dipl.-Ing. O. Arnold, Aachen
Erfahrungen mit Kernbohrungen zur Lagerstättenuntersuchung im Erzbergbau
in Vorbereitung

HEFT 347
S. Ruff, F. Kipp, H. Hansteen und G. Müller, Bonn
Untersuchungen zur Frage der Gehörschädigungen des fliegenden Personals der Propellerflugzeuge
in Vorbereitung

WESTDEUTSCHER VERLAG · KÖLN UND OPLADEN

If you have any concerns about our products,
you can contact us on
ProductSafety@springernature.com

In case Publisher is established outside the EU,
the EU authorized representative is:
Springer Nature Customer Service Center GmbH
Europaplatz 3, 69115 Heidelberg, Germany

Printed by Libri Plureos GmbH
in Hamburg, Germany